Wissenschaftliche Taschenbücher WTB

Chemie

Hasso Meinert

Fluorchemie

Zur Chemie und Anwendung

Akademie-Verlag · Berlin

WTB Wissenschaftliche Taschenbücher

Eine Auswahl lieferbarer Bände:

JOACHIM AUTH / DIETMAR GENZOW
KLAUS H. HERRMANN
Photoelektrische Erscheinungen

HANS BANDEMER
ANDREAS BELLMANN
WOLFHART JUNG / KLAUS RICHTER
Optimale Versuchsplanung

FRANK BEICHELT
Prophylaktische Erneuerung von Systemen

JOACHIM BELLACH / PETER FRANKEN
ELKE WARMUTH / WALTER WARMUTH
Maß, Integral und bedingter Erwartungswert

WOLFRAM BRAUER
HANS-WALDEMAR STREITWOLF
Theoretische Grundlagen der Halbleiterphysik

SIEGFRIED BREHMER
Einführung in die Maßtheorie

JOHN CUNNINGHAM
Vektoren

GEORG DAUTCOURT
Relativistische Astrophysik

K. CH. DELOKAROV
Relativitätstheorie und Materialismus

WERNER DÜCK
Diskrete Optimierung

HANNELORE FISCHER
JOACHIM PIEHLER
Modellsysteme der Operationsforschung

GOTTFRIED FRITZSCHE
Grundlagen und Entwurf passiver Analogzweipole
Netzwerke I
Entwurf passiver Analogvierpole
Netzwerke II

HERBERT GOERING
Asymptotische Methoden zur Lösung von Differentialgleichungen

HERBERT GOERING
Elementare Methoden zur Lösung von Differentialgleichungsproblemen

EDUARD HERLT / NIKOLAUS SALIÉ
Spezielle Relativitätstheorie

HELMUT HESS
Der elektrische Durchschlag in Gasen

V. I. KARPMAN
Nichtlineare Wellen in dispersiven Medien

ULRICH KAUSMANN
KLAUS LOMMATZSCH
FRANTIŠEK NOŽIČKA
Lineare parametrische Optimierung

A. R. KESSEL
Akustische Kernresonanz

KONRAD KREHER
Festkörperphysik

DIETER KRESS
Theoretische Grundlagen der Signal- und Informationsübertragung

DIETER LEUSCHNER
Grundbegriffe der Thermodynamik

V. S. LETOCHOW
Laserspektroskopie

DIERCK-EKKEHARD LIEBSCHER
Relativitätstheorie mit Zirkel und Lineal

WOLFGANG MEILING
Digitalrechner in der elektronischen Meßtechnik
Teil 1: Meßmethodik
Teil 2: Gerätetechnik und Anwendungen

L. I. MIROSCHNITSCHENKO
Kosmische Strahlung im interplanetaren Raum

PETER PAUFLER
GUSTAV E. R. SCHULZE
Physikalische Grundlagen mechanischer Festkörpereigenschaften
Teil I und II

ULRICH RÖSEBERG
Quantenmechanik und Philosophie

ALBRECHT ROST
Messung dielektrischer Stoffeigenschaften

J. V. SAČKOV
Wahrscheinlichkeit und Struktur

E. M. SAWIZKI
Perspektiven der Metallforschung

WOLFGANG SCHÄFER
Theoretische Grundlagen der Stabilität technischer Systeme

ERNST SCHMUTZER
Symmetrien und Erhaltungssätze der Physik

VOLKMAR SCHURICHT
Kernexplosionen für friedliche Zwecke

NORBERT SIEBER
HANS-PETER LEIDHOLD
Einführung in die Datenverarbeitung

GERHARD WUNSCH
Zellulare Systeme

Festkörperphysik
Entwicklungstendenzen und Anwendungsmöglichkeiten

HORST MELCHER
Albert Einstein wider Vorurteile und Denkgewohnheiten

Die Schöpfer der physikalischen Optik
Eine Artikelsammlung

HANS-GEORG SCHÖPF
Von Kirchhoff bis Planck

RENATE WAHSNER
Mensch und Kosmos
Die copernicanische Wende

HELMUT FRIEMEL / JOSEF BROCK
Grundlagen der Immunologie

EBERHARD HOFMANN
Funktionelle Biochemie des Menschen
Band 1 und 2

LOTHAR JÄGER
Grundlagen der Klinischen Immunologie

KARLHEINZ LOHS
DIETER MARTINETZ
Entgiftung — Mittel, Methoden und Probleme

JOACHIM NITSCHMANN
Entwicklung bei Mensch und Tier

STEPHAN SCHNITZLER
Pharmakologische Aspekte von Immunreaktionen

DIETER SPAAR
HELMUT KLEINHEMPEL
HANS JOACHIM MÜLLER
KLAUS NAUMANN
Bakteriosen der Kulturpflanzen

EBERHARD TEUSCHER
Pharmakognosie
Teil I–III

MICHAEL THEILE
SIEGFRIED SCHERNECK
Zellgenetik

PETER BIRNER
HANS-JÖRG HOFMANN
CORNELIUS WEISS
MO-theoretische Methoden in der organischen Chemie

HEINRICH BREMER
KLAUS-PETER WENDLANDT
Heterogene Katalyse

WERNER DÖPKE
Dynamische Aspekte der Stereochemie organischer Verbindungen

GÜNTER EPPERT
Einführung in die Schnelle Flüssigchromatographie

GERHARD GEISELER / HEINZ SEIDEL
Die Wasserstoffbrückenbindung

FALKO H. HERRMANN
MARTINA CH. HERRMANN
Das Hämoglobin des Menschen

HELMUT HRAPIA
Einführung in die Chromatographie

HANS LUPPA
Grundlagen der Histochemie
Teil I und II

DIETER ONKEN
Antibiotika — Chemie und Anwendung

BURKART PHILIPP
GERHARD REINISCH
Grundlagen der makromolekularen Chemie

HORST REMANE / RAINER HERZSCHUH
Massenspektrometrie in der organischen Chemie

Vorschau auf die nächsten Bände:

HORST-HEINO VON BORZESZKOWSKI
RENATE WAHSNER
Newton und Voltaire
Zur Begründung und Interpretation der klassischen Mechanik

CLAUS HAMANN / JOACHIM HEIM
HUBERT BURGHARDT
Organische Leiter, Halbleiter und Photoleiter

WOLFGANG A. KNORRE
Pharmakokinetik
Theoretische Grundlagen und praktische Anwendungen

DIETER MICHEL
Grundlagen und Methoden der kernmagnetischen Resonanz

GERNOT NEUGEBAUER
Relativistische Thermodynamik

VOLKER NOLLAU
Semi-Markovsche Prozesse

JOACHIM SCHUPPAN
Theorie und Meßmethoden der Konduktometrie

JOACHIM SCHUPPAN
Anwendungen der Konduktometrie

VOLKMAR SCHURICHT
Fusionsreaktoren und Umwelt

KURT SCHWABE
pH-Messung

RAINER SINZ
Chronopsychophysiologie, Chronobiologie und Chronomedizin

WTB

BAND 126

Hasso Meinert

Fluorchemie

Zur Chemie und Anwendung

Mit 15 Abbildungen und 21 Tabellen

AKADEMIE-VERLAG · BERLIN

Reihe CHEMIE

Herausgegeben im Auftrage
der Akademie der Wissenschaften der DDR

von
Prof. Dr. Dr. h. c. H. Klare, Berlin
Prof. Dr.-Ing. Dr. h. c. E. Leibnitz, Berlin
Prof. em. Dr.-Ing. habil. Dr. h. c. mult. K. Schwabe, Meinsberg

Verfasser:
Prof. Dr. habil. Hasso Meinert
Sektion Chemie der Humboldt-Universität
Berlin

1979
Erschienen im Akademie-Verlag,
DDR-108 Berlin, Leipziger Straße 3—4
Lektor: Fritz Schulz

Lizenznummer: 202 · 100/484/79
Herstellung: VEB Druckhaus „Maxim Gorki", 74 Altenburg
Bestellnummer: 762 730 2 (7126) · LSV 1254
Printed in GDR
DDR 12,50 M

Vorwort

Bis 1940 blieben Untersuchungen im Bereich der Fluorchemie wegen ihrer besonderen technischen Schwierigkeiten selten. Erst während des zweiten Weltkrieges setzte eine sprunghafte Entwicklung dieses Spezialgebietes ein. Heute ist Fluor ein wissenschaftlich, industriell und strategisch wichtiges Element geworden. Anorganische und organische Fluorverbindungen haben eine breite Anwendung gefunden und ständig werden neue Einsatzgebiete erschlossen.

Hierüber soll der vorliegende Band informieren. Um das große wissenschaftliche und industrielle Interesse an der Chemie des Fluors zu verstehen, wird den chemischen und physikalischen Eigenschaften des Elementes eine besondere Beachtung geschenkt. Bei der Beschreibung der organischen Fluorverbindungen wurden die hochfluorierten Produkte entsprechend ihrer herausragenden Eigenschaften stärker gewichtet, während die niederfluorierten Farbstoffe, Pharmaka sowie Pflanzenschutz- und Schädlingsbekämpfungsmittel kürzer bzw. tabellarisch behandelt werden mußten. Auch wurde dem Umfang des Bandes entsprechend auf die Wiedergabe von Strukturformeln verzichtet.

Über den neuesten Stand der Fluorchemie kann dann nicht berichtet werden, wenn aus strategischen Gründen Forschungsergebnisse und deren Anwendungen der Geheimhaltung unterliegen und somit dem Verfasser nicht zugänglich sind.

Ich danke Herrn *Prof. Dr. sc. Kolditz* für die kritische Durchsicht des Manuskripts sowie für wertvolle Hinweise.

Berlin, Herbst 1978 *H. Meinert*

Inhalt

1. Einleitung

Fortschritte in der Chemie können auf verschiedenen Wegen zustande kommen. Meist ist es die Geburt einer neuen Idee oder Erfindung. Manchmal resultiert aber auch der Fortschritt aus der beständigen, zähen Bearbeitung einer zwar lange bekannten und ungewöhnlich attraktiven Möglichkeit, bei der jedoch außerordentliche Schwierigkeiten zu überwinden gewesen sind. Die Chemie des Fluors ist ein solcher Fall.

Jedes Element hat in seinen Verbindungen Eigenschaften, die es von anderen unterscheiden, aber wenig Elemente gibt es, die solche Besonderheiten aufweisen, daß dadurch ausgeprägte Gebiete der Chemie bestimmt werden. Das Fluor gehört zu dieser Gruppe von Elementen.

2. Geschichte der Fluorchemie

Schon seit früheren Zeiten sind die Eigenschaften einiger anorganischer Fluorverbindungen bekannt. So wurde das heute als Flußspat (CaF_2) bekannte Mineral als metallurgisches Flußmittel benutzt und im Mittelalter als „fluores“ (lat.: fluere = fließen) bezeichnet.

C. W. Scheele erkannte 1771, daß bei der Umsetzung von Flußspat mit Schwefelsäure eine destillierbare Substanz entstand, die er „Flußsäure“ nannte. In den Jahren nach 1810 kam A. Ampère zu der Überzeugung, daß die „Flußsäure“ eine Fluor-Wasserstoff-Verbindung sein müsse. Der allgemeine Fortschritt in der anorganischen Chemie zu Beginn des 19. Jahrhunderts führte auch dazu, daß viele Metallfluoride untersucht und beschrieben wurden. Das Element Fluor blieb dagegen noch viele Jahre unbekannt, trotz der zahlreichen Versuche zu seiner Isolierung.

Die Darstellung von elementarem Fluor gelang schließlich 1886 H. MOISSAN durch Elektrolyse von in flüssigem Fluorwasserstoff gelöstem KHF_2 in einem U-Rohr aus Platin unter Verwendung von Platinelektroden.

Damit, sowie mit den 1892 begonnenen Untersuchungen von F. SWARTS, der insbesondere die Antimonchlorofluoride zur Fluorierung organischer Halogenverbindungen gemäß Chlor-Fluor-Austauschreaktionen einführte, war der Grundstein für eine moderne Fluorchemie gelegt. Doch wurden in der Folgezeit, wegen der äußerst aggressiven Eigenschaften und der schwierigen Handhabung, keine weiteren Untersuchungen mit elementarem Fluor durchgeführt.

Erst seit etwa 1920 begann durch die Arbeiten von O. RUFF eine neue Aera in der Chemie des Fluors. In den wenigen Jahren bis 1935 erarbeiteten RUFF u. Mitarb. praktisch das gesamte Gebiet der anorganischen Fluorchemie. So wurden alle bisher bekannten Halogenfluoride, mit Ausnahme von IF, IF_3 und ClF_5, erstmals dargestellt. Da jedoch das zu ihrer Gewinnung erforderliche Fluor selbst nur in geringer Menge erhalten werden konnte, war die Ausbeute an Reaktionsprodukten so gering, daß sie lediglich zur Bestimmung der wichtigsten physikalischen Konstanten und zu einigen Beobachtungen ihrer großen Reaktivität ausreichte. Es ist angesichts der damaligen apparativen und technischen Unzulänglichkeiten nur allzu verständlich, wenn später gewisse Korrekturen nötig wurden.

Trotzdem stellen die Arbeiten von O. RUFF u. Mitarb. eine einmalige Pionierleistung in der Geschichte der anorganischen Chemie dar. So erkannte auf Grund dieser Forschungsergebnisse über die Halogenfluoride L. PAULING 1933, daß auch die schweren Edelgase wegen der mit wachsendem Atomgewicht fallenden Ionisierungsenergien möglicherweise mit Fluor- oder Sauerstoff Verbindungen bilden könnten. Er sagte von Krypton und Xenon Hexafluoride, XeF_8, als stabile Verbindung und die Säure H_4XeO_6 voraus.

Vergebens versuchten noch im selben Jahr O. RUFF und W. MENZEL Argon- und Xenonfluoride und D. JOST und A. KAYE Xenonfluoride darzustellen. JOST und KAYE setzen Gemische von Xenon und Fluor elektrischen Entladungen aus und waren damit gemäß unseren heutigen Kenntnissen dem Ziel am nächsten. Wäre die Quarzapparatur eventuell gut gekühlt gewesen, so hätten die Xenonfluoride schon 30 Jahre früher entdeckt werden können. Da es aber nicht gelungen war die Existenz einer der vorausgesagten Verbindungen zu bestätigen, und da die damals von Erfolgen begleitete Kosselsche Elektronentheorie der Valenz die Stabilität der Edelgaskonfiguration unterstrich, wurde die Ansicht weiter bekräftigt, daß Edelgase keine chemischen Reaktionen eingehen können.

Ein wichtiger Meilenstein in der Chemie organischer Fluorverbindungen ist die praktische Anwendung fluorierter Derivate des Methans und Äthans als Kältemittel durch T. MIGDLEY und A. HENNE. Das hatte die systematische Erforschung der Darstellungsweise und der Eigenschaften dieser Verbindungsklasse zur Folge. Ausgangspunkt war die Beobachtung, daß manche Fluor-Verbindungen chemisch überraschend stabil sind. Mit dem von G. BALZ und G. SCHIEMANN eingeführten Diazoniumfluoroborat-Verfahren setzte gleichzeitig eine intensive Bearbeitung auch der aromatischen Fluorverbindungen ein.

1931 entdeckte man in den Farbwerken Hoechst, daß die Einführung von Trifluormethyl-Gruppen in Naphthol AS-Farbstoffe besonders klare und lichtechte Töne ergibt. Drei Jahre später wurde in Hoechst beobachtet, daß Trifluorchloräthylen polymerisierbar ist, damit war der Start für ein weiteres Anwendungsgebiet, die Fluorpolymere, gegeben. Bald darauf brachten die Bayer-Werke/Leverkusen das erste fluorhaltige Arzneimittel und die Farbwerke Hoechst das erste fluororganische Schädlingsbekämpfungsmittel in den Handel.

Innerhalb verhältnismäßig weniger Jahre waren damit Hinweise darauf gefunden worden, daß organische Fluorverbindungen auf den verschiedensten Sektoren eingesetzt werden können. Es hat dann aber doch noch viele Jahre gedauert, bis sie zu einer größeren technischen Bedeutung gelangten. Erst während des zweiten Weltkrieges nahm die Fluorchemie mit der großtechnischen Erzeugung von Fluor und Fluorverbindungen einen enormen Aufschwung. Er war gekennzeichnet durch die Darstellung des Kampfstoffes Chlortrifluorid in Deutschland und durch die Uranaufbereitung zum Bau der Atombombe in den Vereinigten Staaten von Amerika.

Im faschistischen Deutschland wurde Chlortrifluorid wegen seiner sehr heftigen Reaktionen mit Stahl von der Wehrmacht zur Panzerbekämpfung als „Cocktail" und im Seekrieg auf Torpedoköpfe abgefüllt eingesetzt. Bei Falkenhagen wurde eine Produktionsanlage errichtet, die mehr als 5 Tagestonnen ClF_3 produzieren sollte. Durch das Herannahen der Roten Armee mußte diese Anlage abgebaut werden, kurz nachdem sie zu produzieren begonnen hatte. Sie wurde in Stulln/Oberpfalz neu errichtet, doch kam es bis Kriegsende zu keiner weiteren Fluorproduktion.

Eine an Menge wesentlich geringere, aber dafür umso gefährlichere Klasse von Fluorverbindungen wurde in faschistischen Konzernen (auf der Basis von Arbeiten G. Schraders) in Form von Monofluoressigsäure, deren Salze und Ester, sowie der Fluorphosphorsäure- und Fluorphosphorsäure-Ester (z. B. Diisopropylfluorphosphorsäureester = DFP, Methylfluorphosphonsäureisopropylester = Sarin, Methylfluorphosphonsäurepinakolylester = Soman) als hochtoxische Massenvernichtungsmittel entwickelt. Wesentlich größere Mengen an Fluor, Fluorwasserstoff und Halogenfluoriden wurden in den USA zur Isotopentrennung des Urans benötigt, die ebenso wie die Rückgewinnung des Metalls über die Fluoride verläuft. Die Abtrennung des Isotops ^{235}U erfolgte bei der Diffusion des gasförmigen UF_6 durch poröse Membranen.

Zum Betrieb dieser Diffusionsanlagen waren aber wiederum Materialien erforderlich, die als Schmier-, Dichtungs- und Kühlmittel dienen und gleichzeitig auch gegenüber dem hochkorrosiven Uranhexafluorid beständig sein sollten.

Diese chemisch sehr widerstandsfähigen Materialien wurden, nach einem Vorschlag von I. H. Simons, in den Polymeren des Tetrafluoräthens und Trifluorchloräthens sowie in den niedermolekularen Perfluor- oder Halogenfluorkohlenstoffen (meist Chlor-Fluor-Kohlenstoffe) gefunden.

Während der Kriegsjahre wurden in den USA die Methoden zur Herstellung der „Fluorocarbons“ (Perfluorkohlenstoffe) ausgearbeitet: die nichtkatalytische und katalytische Fluorierung mit elementarem Fluor und die Fluorierung mit Silberdifluorid und Kobalttrifluorid.

Ungefähr zur gleichen Zeit wurde Teflon, Polytetrafluoräthylen, entdeckt und einige Jahre später ist mit der großtechnischen Erzeugung von Polytrifluorchloräthylen begonnen worden. Eine wichtige Entdeckung zur Gewinnung organischer Fluorverbindungen ist die im Jahre 1949 von J. H. Simons entwickelte und seit 1951 im industriellen Maßstab durchgeführte elektrochemische Fluorierung. Sie ermöglicht eine leichte und ökonomisch günstige Darstellung von teil- oder perfluorierten Kohlenstoffverbindungen durch Elektrolyse im wasserfreien Fluorwasserstoff.

Die Stoffklasse der teil- oder perfluorierten, acyclischen oder cyclischen Fluorkohlenstoffe und Halogenfluorkohlenstoffe (Freone) bewährte sich gleichermaßen bei vielen mit der Gewinnung der Atomenergie zusammenhängenden Aufgaben und blieben in ihrer Anwendung bald nicht mehr auf das Gebiet der Kernforschung beschränkt.

Als Treibgase für Aerosole, als Kälte-, Schmier- und Dichtungsmittel, als Feuerlöschmittel, als hydraulische Öle, Plaste und Isolationsmaterialien haben sie eine vielseitige Verwendung gefunden.

Die in den letzten Jahren entdeckten mannigfaltigen Reaktionen der fluorierten Derivate zeigen, daß die Entwicklung der Chemie der organischen Fluorverbindungen bei weitem noch nicht abgeschlossen ist und, daß sich immer noch Reaktionen von grundsätzlicher und allgemeiner Bedeutung entdecken lassen.

In ihrer technischen Anwendung steht die organische Fluorchemie erst am Anfang einer neuen Epoche, denn von den geschätzten 10^{12} möglichen Verbindungen werden erst etwa 100 technisch genutzt.

So werden die nächsten Jahre durch die Darstellung neuer Textilien und Textilhilfsstoffe mit hydro- und olephoben Eigenschaften, durch neue Plasten und neue Wege im Korrosions- und Bautenschutz (u. a. durch Einsatz von Vinyl- und Vinylidenfluorid) gekennzeichnet sein. Dabei gelangen heute mit großem Erfolg neue Verbindungsklassen, wie Fluortenside, Fluorpharmaka, fluorhaltige Pflanzenschutz- und Schädlingsbekämpfungsmittel u. a. zum Einsatz. Als Blutersatzmittel stehen Perfluor-Verbindungen bereits in der medizinischen Erprobung.

In den letzten drei Jahrzehnten hat man gelernt, Fluor und fluoraktive Verbindungen zu beherrschen, sowohl im Labor als auch im industriellen Maßstab. Es sind zahlreiche neue Syntheseverfahren, vor allem die der Reaktionen mit Fluor unter hohen Drücken sowie die Techniken zur Handhabung hochreaktiver Fluorverbindungen erarbeitet worden.

Als im Juni 1962 N. Bartlett mit der Reaktion von Xenon mit PtF_6 unter Bildung von „$XePtF_6$“ die erste echte Edelgasverbindung darstellte, konnte sofort nach Bartletts Publikation, vor allem in den Argonne National Laboratories, doch ebenso in Ljubljana, in Münster und Aberdeen, die Darstellung binärer Edelgasfluoride versucht werden. Noch im August 1962 erhielten H. Claassen, H. Selig und J. Malm Xenontetrafluorid bei der Druckreaktion von Fluor mit Xenon in nahezu quantitativer Ausbeute. Diese Entdeckungen waren der Beginn einer stürmischen Entwicklung der Edelgaschemie. Jetzt endlich waren die Barrieren überwunden, die sich sowohl von theoretischer als auch praktischer Seite vor die Inangriffnahme der Edelgase durch die Chemie gedrängt hatten. So wurden fast alle binären Xenonfluoride unabhängig voneinander nahezu gleichzeitig dargestellt. Man konnte im ersten Jahr nach BARTLETTS Entdeckung von einer Wissensexplosion auf dem Gebiet der Edelgaschemie sprechen. Diese Entwicklung stellte natürlich auch eine neue Aera der anorganischen Fluorchemie dar.

3. Vorkommen des Fluors

Fluor ist das verbreitetste Halogen und tritt in großen Mengen im Apatit, $Ca_5(OH,F)(PO_4)_3$ (die OH^-- und F^--Ionen können sich auf Grund der Ähnlichkeit der Ionenradien gegenseitig substituieren, so daß der F^--Gehalt schwankt), im Flußspat, CaF_2, in fluoridhaltigen Silicaten und in Restbeständen im Kryolith, Na_3AlF_6, auf, wobei die einzigen Kryolith-Lagerstätten auf Grönland bereits nahezu abgebaut sind. Die Pflanzen nehmen Fluoridionen aus dem Boden auf, so daß einige Blatt- und Grassorten bis zu 0,1% Fluor in der Asche aufweisen. Mit der Pflanzennahrung gelangt das Fluor in den tierischen Organismus und wird im Apatit der Knochen und Zähne in Abhängigkeit vom Alter zu ca. 0,05% gebunden.

4. Physikalische Eigenschaften des Fluors

Fluor hat die Ordnungszahl 9, die Elektronenkonfiguration $1s^2\,2s^2\,2p^5$ und die Atommasse 18,998. Als Reinelement besitzt Fluor nur ein einziges stabiles Isotop, 19 F. Dieser Kern, mit dem Spin 1/2 hat ein ähnliches magnetisches Kernmoment wie das Proton, daher können ^{19}F NMR-Spektren leicht gemessen werden.

Fluor ist ein in dicker Schicht hellgelbes, durchdringend riechendes Gas, das sich bei −187 °C zu einer hellgelben Flüssigkeit (Dichte 1,108 g cm^{-3}) verdichtet, welche bei −219 °C erstarrt.

Zum Verständnis der herausragenden physikalischen und chemischen Eigenschaften des Fluors ist ein Vergleich zu den anderen Halogenen erforderlich, die deshalb in der Tab. 1 mit angeführt sind.

Tabelle 1
Physikalische Eigenschaften der Halogene

	Fluor	Chlor	Brom	Jod
Schmelzpunkt (°C)	−219,6	−102,0	−7,3	113,6
Siedepunkt (°C)	−187,5	− 34,1	58,8	185,2
Kritische Temperatur (°C)	−129	144	$315_{(p)}$	$546_{(p)}$
Atomradius (nm)	0,057	0,098	0,112	0,132
Ionenradius (nm)	0,136	0,170	0,187	0,212
Kovalenter Radius (nm)	0,071	0,099	0,114	0,133
Dissoziationsenergie D_{298} (kJ · mol^{-1})	153	242	193	150
Elektronegativität	4,10	2,83	2,74	2,21
Elektronenaffinität (298 K) (kJ · mol^{-1})	339	355	331	302
1. Ionisationspotential ($X_{(g)} - e \rightarrow X^+_{(g)}$, (kJ · mol^{-1})	1682	1255	1142	1008
Standardpotential ($2X^-/X_{2(aq)}$ E_0(V)	2,87	1,36	1,07	0,54
Hydratationswärme von X^- (kJ · mol^{-1})	−508,4	−372,4	−338,9	−295,0
Standardbildungswärme für $X^+(1/2\ X_{2(Standard)} \rightarrow X^+(g)$ (kJ · mol^{-1})	1757	1376	1255	1113

Alle Halogene bilden im elementaren Zustand zweiatomige Molekeln, die auf Grund ihres Aufbaus aus gleichen Atomen unpolar sind. Beide Atome werden durch eine σ-Bindung zusammengehalten. In kondensierten Phasen bestehen nur schwache VAN-DER-WAALSsche Kräfte. Daher verläuft die Änderung der Schmelz- und Siedepunkte der Halogene ziemlich regelmäßig.

Die meisten Eigenschaftsänderungen innerhalb der Halogengruppe ändern sich aber vom Fluor zum Chlor drastischer als zwischen den folgenden Elementen.

Besonders deutlich wird das beim Vergleich der Dissoziationsenergien, die ja ein Maß für die Stabilität der Molekeln sind. Zunächst wäre zu erwarten, daß bei gleicher Bindungsart diese σ-Bindung umso schwächer würde, je größer die Atome und der Abstand zwischen ihnen sind. Dagegen steigt von F_2 zu Cl_2 die Dissoziationsenergie überraschend an, um dann erst wieder zu fallen. Zur Deutung dieses Phänomens werden VB- und MO-Theorie herangezogen.

Von der VB-Theorie aus ist anzunehmen, daß bei den schwereren Halogenen, vom Cl_2 ab, zusätzlich zur Einfachbindung eine Wechselwirkung von zur σ-Bindung nicht benützten, doppelt besetzten p-Orbitalen mit unbesetzten, aber vorhandenen d-Orbitalen des Nachbaratoms eine Bindungsverstärkung bewirkt. Infolge dieser Hybridisation von p- mit d-Orbitalen kommt es ab der Hauptquantenzahl 3 zur Ausbildung einer $d_\pi - p_\pi$-Bindung und damit eines Doppelbindungsanteils, der eine höhere Bindungsordnung als 1 ermöglicht. Fluor als Element der zweiten Periode kann eine solche Bindungsverstärkung nicht erfahren, weil ihm keine energetisch günstigen d-Niveaus zur Verfügung stehen.

Nach der MO-Theorie besteht ein wesentlicher Unterschied zwischen bindenden und nichtbindenden Elektronen in einer Molekel. Danach üben in der F_2-Molekel die nichtbindenden Elektronen der beiden Atome (sowie auch die beiden Atomrümpfe) eine so starke Abstoßung aufeinander aus, daß daraus eine Schwächung der Einfachbindung resultiert. Diese Abstoßung wird bei den anderen Halogenen durch die größeren Bindungslängen und die festere Bindung der Elektronen in den inneren Schalen abgeschwächt.

Wegen der zunehmenden Größe der Halogenatome zum Jod hin und der damit gegebenen abnehmenden Stärke der π-Bindung infolge der immer geringer werdenden Überlappung wird die Dissoziationsenergie vom Chlor zum Jod wieder kleiner.

Auch die Elektronenaffinitäten, E_A, die sich ja auf freie Atome beziehen ($X_{(g)} + e \rightarrow X^-_{(g)}$; $\Delta H = -E_A$ [kJ · mol^{-1}]), zeigen ein Maximum bei Chlor.

Die geringere Elektronenaffinität der freien Fluoratome liegt darin begründet, daß wegen des außergewöhnlich kleinen Radius des F-Atoms das eintretende achte Elektron eine gewisse Aufweitung der dichten Packung der Hülle erfordert. Dies führt zu einer anomal starken Zunahme der Abstoßungsenergie zwischen sämtlichen Elektronen der Valenzschale. Die zur Bildung des zusätzlichen Elektrons erforderliche Energie liegt dadurch um ca. 110 kJ · mol^{-1} unterhalb des normalerweise zu erwartenden Wertes.

In der Kraft eines in einer Molekel gebundenen Atoms, Elektronen an sich zu ziehen, steht Fluor allerdings an erster Stelle (natürlich unter der Voraussetzung, daß der Bindungspartner nicht ein Fluoratom selbst ist!). Fluor ist somit das am stärksten elektronegative Element. Die Fluoratome sind auf Grund ihrer geringen räumlichen Ausdehnung und Starrheit der Hülle besonders starke heteropolare Kraftzentren, welche die Elektronenhüllen von Bindungspartnern, wie C, Si, Cl, u. a. erheblich deformieren, selbst aber — auch durch Wasserstoff als Bindungspartner — kaum polarisiert werden. (Da sich die Elektronegativität stets auf das betreffende Element in der kovalenten Bindung bezieht, entfällt im Falle des Fluors der Abstoßungseffekt durch den Einbau des achten Elektrons in die Hülle).

Die Ionisationsenergien der Halogene sind durchweg hoch, doch fallen sie deutlich mit der Ordnungszahl. Hierbei tritt keine Anomalie auf. Das relativ zu den anderen Halogen sehr hohe ernste Ionisationspotential des Fluoratoms ist ein weiteres Kennzeichen für die Stabilität seiner Elektronenhülle.

Das Ionisationspotential führt zusammen mit der Dissoziationsenergie zur Standardbildungswärme des gasförmigen X^+-Ions. Gemäß deren Werten sind selbst solvatisierte Fluor-Kationen kaum wahrscheinlich. Bislang wird das Auftreten von positivierten Teilladungen an gebundenen Fluoratomen nur bei wenigen Verbindungen wie HOF, CF_3OF, FCl_2^+, NF_4^+, vermutet. Eine Bestätigung hierfür steht allerdings noch aus.

Da entsprechend ihrer Elektronenkonfigurationen den Halogenen jeweils ein p-Elektron zur Edelgaskonfiguration fehlt, besteht ihr vorrangiges chemisches Verhalten in der Ausbildung negativ einwertiger Ionen. Fluor ist, außer nullwertig, stets nur negativ einwertig. Die anderen Halogene können dagegen positive Ladungen in binären Verbindungen einnehmen, jedoch nur dann, wenn sie an stärker elektronegative Elemente gebunden sind.

Obwohl Chlor eine größere Elektronenaffinität besitzt, ist Fluor doch das stärkere Oxydationsmittel. Sowohl in wäßriger Lösung als auch bei Abwesenheit von Wasser verdrängt es Chlor aus dessen Verbindungen.

Im Falle der Halogene werden das Redoxpotential, E_0, und damit der Übergang $X_2 + 2e \rightarrow 2X^-(aq)$ in wäßriger Lösung durch folgende Teilschritte bestimmt:

$$X_2 \xrightarrow[\text{(Dissoziations- + evtl. Sublimationsenergie)}]{+D} X_{(g)} \xrightarrow[\text{(Elektronenaufnahme gemäß Elektronenaffinität)}]{-E_A} X^-_{(g)} \xrightarrow[\text{(Hydratation)}]{-E_H} X^-_{(aq)}$$

Damit ist die große Oxydationskraft des Fluors hauptsächlich auf die geringe Dissoziationsenergie (D) der F_2-Molekel und die große Hydratationswärme (E_H) des kleinen F^--Ions zurückzuführen. Trotz ihrer niedrigen Dissoziationsenergien sind Brom und Jod schwächere Oxydationsmittel als Chlor, da sowohl ihre Elektronenaffinitäten (E_A) als auch ihre Hydratationswärmen kleiner sind. Wenn aber auch bei den Reaktionen in der Gasphase oder zwischen Gasphase und Festkörper das Fluor von allen Halogenen die größte Reaktivität und Oxydationskraft besitzt, so einmal deshalb, weil die Reaktionen des elementaren Fluors sehr stark exotherm sind. Denn Fluor bildet mit den meisten anderen Elementen kurze und sehr feste Bindungen. Werden kristalline Fluoride gebildet, sind ihre Gitterenergien höher als bei den anderen Halogeniden, weil das F^--Ion vergleichsweise klein ist. Zum anderen wird dies durch die niedrige Dissoziationsenergie ergänzt, so daß sich für die außerordentlich hohe Reaktivität des Fluors folgende Ursachen ergeben:

- Bei mäßig hohen Temperaturen oder bei UV-Bestrahlung (Fluorabsorptionsbande von 230 bis 350 nm) liegt gemäß der niedrigen Dissoziationsenergie bereits eine hohe Konzentration an Fluorradikalen vor.
- Die beim Angriff von Fluoratomen zu überwindenden Aktivierungsenergien sind niedrig, da die Stärke der sich bildenden Bindungen die Aktivierungsschwellen herabdrückt.
- Infolge des geringen Stoßdurchmessers der Fluormolekeln oder -atome ergeben sich hohe Diffusionsgeschwindigkeiten und somit schnelle Umsetzungen in der Gasphase und an fester Oberfläche.
- Wegen der hohen Elektronegativität trägt Ionen-Kovalenz-Resonanz als Mehrfachbindungsanteil zu den Bindungsenergien bei.

5. Chemische Eigenschaften des Fluors

Fluor reagiert unmittelbar und in meist stark exothermer Reaktion mit allen Elementverbindungen außer He, Ne, Ar und N_2. Seine Chemie ist durch die vorherrschende Oxydationsstufe -1 gekennzeichnet. Mit elektropositiven Elementen bildet Fluor ionische Fluoride, in den zahlreichen kovalenten Fluoriden sind die Bindungen wegen der hohen Elektronegativität des Fluors stark polar. Viele Elemente bilden mit Fluor Verbindungen in hohen und höchsten Oxydationsstufen, wie ReF_7, IF_7, XeF_6, SF_6, PtF_6, PuF_6, MoF_6, BiF_5, ClF_5, CmF_4, AuF_3, CoF_3, AgF_2 usw. Manche Metalle, wie Nickel oder Kupfer und

Legierungen wie Monel (Cu/Ni) oder Elektron (Mg/Al) werden bis zu mäßig erhöhten Temperaturen nur wenig angegriffen, da sie sich mit einer zusammenhängenden Fluoridschicht bedecken, welche den weiteren Angriff von Fluor verhindert.

Wasserstoff reagiert selbst bei −196 °C explosionsartig mit Fluor unter Bildung von HF:

$$H_2 + F_2 \rightarrow 2HF; \qquad \Delta H = -542\,\text{kJ} \cdot \text{mol}^{-1}$$

Kohlenstoff, der mit Chlor erst bei der hohen Temperatur des elektrischen Lichtbogens reagiert, verbrennt im Fluorgas zu niedermolekularen Fluorkohlenstoffen, hauptsächlich CF_4.

Viele organische Substanzen verbrennen im Fluor. Dagegen nimmt die Beständigkeit von Kohlenstoffverbindungen mit zunehmendem Halogengehalt zu.

Wegen der großen Tendenz zur HF-Bildung entreißt Fluor allen Wasserstoffverbindungen den Wasserstoff. So reagieren beispielsweise H_2S, NH_3, CH_4, SiH_4, B_2H_6 u. a. unter Entflammen bis expolosionsartig, auch Wasser wird lebhaft zersetzt. Je nach den Versuchsbedingungen können dabei die an Wasserstoff gebunden gewesenen Elemente fluoriert werden, so daß jeweils außer HF meistens mehrere Reaktionsprodukte entsprechend Radikalkettenmechanismen entstehen:

z. B. $H_2S \xrightarrow{+F_2} HF, S, SF_4, SF_6$

$NH_3 \xrightarrow{+F_2} HF, N_2, NH_2F, NHF_2, NF_3$

$CH_4 \xrightarrow{+F_2} HF, C, CF_4, C_2F_6$

$SiH_4 \xrightarrow{+F_2} HF, SiF_4$

$B_2H_6 \xrightarrow{+F_2} HF, BF_3$

$H_2O \xrightarrow{+F_2} HF, O_2, OF_2$

6. Darstellung von Fluor

Entsprechend den Standardpotentialen, E_0 (vgl. Tab. 1), kann im Gegensatz zu den anderen Halogenen das Fluor weder auf elektrochemischem Wege aus wäßrigen Lösungen, noch durch Einwirkung chemischer Oxydationsmittel aus seinen Verbindungen dargestellt werden.

Die Oxydation des Fluoridions kann daher nur anodisch und bei Ausschluß von Wasser erfolgen:

$$2\,HF \rightarrow H_2 + F_2; \qquad \Delta H = +542\,kJ\,.$$

Solange noch Wasser im Elektrolyten enthalten ist, erfolgt entweder die Entladung von OH^--Ionen vor den F^--Ionen oder primär gebildetes Fluor reagiert mit Wasser unter Bildung von OF_2, O_2 und HF.

Deshalb wird wasserfreier, flüssiger Fluorwasserstoff (Kp. 19.5 °C) eingesetzt, in welchem zur Erhöhung der Leitfähigkeit KF bzw. KHF_2 gelöst ist.

Die kriegsbedingte Darstellung von elementarem Fluor während des zweiten Weltkrieges hat zur Entwicklung leistungsfähiger Fluorgeneratoren mit Strombelastungen bis zu 6000 A geführt.

Allgemein hat sich das sogenannte Mitteltemperaturverfahren als das günstigste erwiesen, das bei 70 bis 110 °C und einem Elektrolyten der Zusammensetzung KF · 2 bis 3 HF arbeitet. Im technischen Maßstab hat sich als einzige die rechteckige Form der Zellen durchgesetzt, während im Laboratoriumsmaßstab alle denkbaren Formen konstruiert und mit mehr oder weniger Erfolg verwendet worden sind. Als Anodenmaterial benutzt man in der Technik einen fast graphitfreien Spezial-Kohlenstoff mit möglichst glatter Oberfläche, im Laboratorium Nickel oder Kohle. Nickel wird als Anode allerdings allmählich aufgelöst. Um den bei Verwendung von Kohle-Anoden bisweilen auftretenden „Anodeneffekt" zu verhindern, werden bei technischen Zellen Hilfsanoden eingebaut, mit denen der Elektrolyt bis zur völligen Wasserfreiheit vorelektrolysiert wird. Die Material- und Betriebsdaten eines technischen Fluorgenerators zeigt die folgende Übersicht:

Gefäßmaterial:	Stahl, evtl. Monel oder Elektron
Katodenmaterial:	Stahl oder Monel oder Silber oder Elektron
Anodenmaterial:	Kohlenstoff oder Nickel
Dichtungsmaterial:	Teflon, Fluorkautschuk
Elektrolyt:	KF · 2 bis 3 HF
Betriebstemperatur:	70 bis 110 °C
Strombelastung:	max. 6000 A
Anodendichte:	1000 A/m^2
Spannung:	8 bis 13 V
Stromausbeute:	max. 95%

Einen Querschnitt durch einen Fluorgenerator veranschaulicht Abb. 1.

(Aus Gründen der Sicherheit haben sich in der industriellen Fluorproduktion Anlagenkomplexe mit 1000-A-Zellen durchgesetzt.)

Für Laboratoriumsarbeiten werden auch noch Hochtemperaturzellen betrieben. Diese sind zweckmäßigerweise auf eine Strombelastung von 50 bis 100 A ausgelegt, der Elektrolyt besteht aus einer KF · HF-Schmelze, die Betriebstemperatur beträgt 250 bis 270°C. Der Vorteil der KF · HF-Schmelze besteht darin, daß KF · HF praktisch nicht hygroskopisch ist und das erzeugte Fluor somit einen geringen Anteil an OF_2 bzw. O_2 enthält. Als Anodenmaterial wird Graphit, als Katodenmaterial Silber, Kupfer, Monel oder Elektron und als Gefäßmaterial Elektron oder Weichstahl verwendet.

Für den Bau von Fluorgeneratoren patentierten A. Davies und A. J. Rudge ein Verfahren, bei dem, um den Abstand zwischen den Elektroden möglichst klein zu halten, nach der wirksamen Länge gestaffelt wird (z. B. unten 10 mm, oben 38 mm). Das Fluor saugt man durch eine poröse Anode direkt ab.

Das bei allen Fluorgeneratoren den Zellen entströmende Fluor wird zur Zerstörung von explosiven Verunreinigungen in einem Nickelrohr auf 300 bis 400 °C erhitzt, dabei werden Sauerstofffluoride in die Elemente gespalten. Anschließend wird der größte Teil des anhaftenden Fluorwasserstoffes durch Kühlung auf −78 °C oder −183 °C (fl. Sauerstoff) entfernt und dann über wasserfreies Natriumfluorid bei 100 °C geleitet, um letzte Spuren HF zu entfernen ($NaF + HF \rightarrow NaHF_2$). Neben wenig Stickstoff bleibt als Restverunreinigung Sauerstoff. Dieser besitzt etwa die gleiche Flüchtigkeit wie Fluor und ist deshalb schwer zu entfernen. Der Anteil an O_2 und N_2

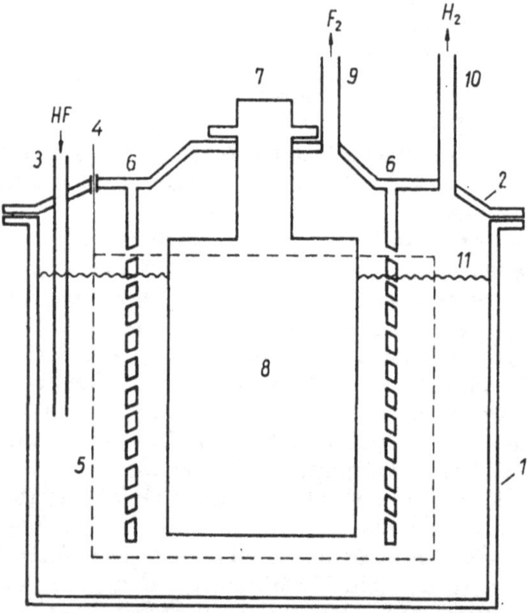

Abb. 1. Querschnitt durch eine Elektrolysezelle zur Herstellung von Fluor

1 — Beheizbare Wanne für Elektrolyten, *2* — Deckel, *3* — HF-Einfüllstutzen, *4* — Katodenzuführung, *5* — kastenförmige Katode, *6* — kastenförmige geschlitzte Metalltrennwand, *7* — Anodenzuführung, *8* — Anode, *9* — Fluorableitung, *10* — Wasserstoffableitung, *11* — Elektrolytstand

beträgt bei Anwendung eines vorelektrolysierten Elektrolyten etwa 1%.

(Zur labormäßigen Darstellung von sehr reinem Fluor ist die thermische Zersetzung von höherwertigen Nikkelfluorokomplexen geeignet: $2K_2(NiF_6 \cdot KF) \underset{<400\,°C}{\overset{>400\,°C}{\rightleftharpoons}} 2K_3NiF_6 + F_2$.

Derartige Komplexe können jedoch nur durch Einwirkung von „gewöhnlichem" elementarem Fluor auf die niederwertigen Fluorokomplexe erhalten werden).

7. Handhabung und Lagerung von Fluor

Die Schwierigkeiten beim Arbeiten mit Fluor sind nicht so groß, wie man im allgemeinen annimmt. Selbstverständlich muß wegen der hohen Reaktivität und Toxizität (Zerstörung der Haut unter Bildung von Nekrosen und schwerheilenden Wunden, Lungenödeme) des Elementes sehr sorgfältig umgegangen werden. Der Kontakt mit C—H-haltigen Ölen, Fetten und Gummi ist zu vermeiden. Dagegen sind Fluorkohlenstoffpolymere wie Fluorcarbonöle und Teflon, Kel-F-Fette, Polytrifluorchloräthylen (Ekafluvin, Hostaflon) und Fluorgummi, je nach Art bei Zimmertemperatur bis ca. 250 °C genügend fluorinert. Sie haben sich als die idealen Dichtungsmittel für Systeme mit elementarem Fluor erwiesen. Fluor kann (ebenso wie die Halogenfluoride und Metallfluoride hoher Wertigkeitsstufen) wenn frei von Fluorwasserstoff, in Borsilicatgläsern über mehrere Stunden bei Temperaturen von 100 bis 200 °C ohne wesentlichen Angriff gehandhabt werden. Quarz ist noch resistenter, es eignet sich zum Arbeiten über längere Zeiträume und Temperaturen bis 150 °C. Selbstverständlich muß unter Ausschluß von Feuchtigkeit gearbeitet werden, da sonst ein ständiger Angriff gemäß

$$2H_2O + F_2 \rightarrow 4HF + O_2$$

$$SiO_2 + 4HF \rightarrow SiF_4 + 2H_2O$$

erfolgen würde.

Kupfer kann bis 500 °C, Nickel und Monel können bis etwa 800 °C, selbst für Fluor-Druckreaktionen eingesetzt werden. Auch Stahl, rostfreier Stahl, Messing und Aluminium lassen sich zum Aufbewahren von Fluor bei Zimmertemperatur verwenden.

Für die Lagerung von Fluor kommen, wie bei jedem Gas, zwei Methoden in Frage:

– die Lagerung von flüssigem Fluor bei −196°C und Normaldruck in Quarz-, Eisen- oder Nickelgefäßen,

– die Lagerung von Fluorgas bei Normaltemperatur und hohen Drücken in Druckgefäßen aus Stahl, Nickel oder Monel.

Um bei kleinem Raumbedarf eine große Menge an Fluorgas lagern zu können, muß es unter möglichst hohem Druck stehen. Das Komprimieren des Fluors wird erschwert durch seine niedrige kritische Temperatur (−129 °C).

Es geschieht im Labormaßstab so, daß das gereinigte Fluor in einem kleinen Druckgefäß aus Nickel oder Kupfer mittels flüssigem Stickstoff unter Atmosphärendruck kondensiert wird. Nach Anschluß der Vorrats-Stahlflasche und einseitigem Verschluß des Kondensationsgefäßes läßt sich dann das Fluor beim Erwärmen unter dem eigenen Dampfdruck in die Stahlflasche überführen.

Im technischen Maßstab erfolgt das Komprimieren mittels Membranpumpen, die aus Sicherheitsgründen in drei Stufen hintereinandergeschaltet sind. Die erste arbeitet mit Antimonpentafluorid, die zweite mit Perfluorkohlenstoffen und die dritte mit Öl. Große Mengen an flüssigem Fluor werden in Spezial-Tankwagen bei Normaldruck transportiert. Diese Metall-Tanks bestehen aus einem Innenbehälter zur Aufnahme des flüssigen Fluors, darum befindet sich ein Behältnis, der als Kühlmantel dient und mit flüssigem Stickstoff gefüllt ist. Den Abschluß nach außen bildet ein Mantel, der zur Wärmeisolation evakuiert ist.

8. Verwendung von Fluor

Heute wird elementares Fluor überall dort eingesetzt, wo ein energiereiches Fluorierungsmittel erforderlich ist. So für die Synthese von Halogenfluoriden, von Metallfluoriden in hohen Wertigkeitsstufen und von den bereits genannten Edelgasfluoriden. Die als Dielektrikum oder Kühlmittel wichtigen Verbindungen SF_6 und CF_4 werden ebenfalls mittels elementarem Fluor dargestellt. In der Kernchemie wird elementares Fluor, neben Halogenfluoriden, im Kernbrennstoff-Zyklus eingesetzt, wo sie zur schnellen Aufarbeitung ausgebrannter Reaktorbrennstäbe unter Abtrennung von PuF_6 und UF_6 dienen.

Immer größere Mengen an flüssigem Fluor oder Halogenfluoriden werden als Oxydationskomponente für Raketentreibstoffe verwendet. Die beim Umsatz mit Wasserstoff oder wasserstoffhaltigen Verbindungen mit möglichst geringem spezifischem Gewicht freiwerdenden Energien resultieren aus der großen HF-Bildungswärme. Durch Reaktion von Wasserstoff mit Fluor lassen sich höhere Temperaturen (4975 K) als durch Verbrennung mit Sauerstoff (3500 K) erreichen.

Damit können auf der Basis der F_2-H_2-Kombination die höchsten spezifischen Impulse (380 s gegenüber weniger als 365 s für Sauerstoff) erzielt werden, die überhaupt mit chemischen Systemen erreichbar sind. Allerdings hatten sowohl die hohe chemische Reaktivität des Halogens als auch die toxische Wirkung der Verbrennungsprodukte die technische Realisierung dieser Treibstoffsysteme längere Zeit gehemmt. Daher wurden in der Übergangsphase mit Fluor angereicherter Sauerstoff als Oxydationskomponente erprobt. Eine moderne Weltraumrakete benötigt etwa 60 bis 80 to flüssiges Fluor im regenerativ gekühlten System. Auch zur Synthese anderer fluoraktiver Substanzen, die ihrerseits als Fluorierungsmittel dienen, wird elementares Fluor gebraucht. So für Hypofluorite, wie u. a. CF_3OF, für Sauerstoff- und

Stickstofffluoride sowie für Perchlorylfluorid, ClO_3F. Diese Substanzen haben ebenfalls als energiereiche, lagerfähige Raketentreibstoffe erhebliche Bedeutung.

Von steigender großtechnischer und strategischer Bedeutung ist auch die Abscheidung und Reindarstellung hochschmelzender Metalle, die zunächst mittels elementarem Fluor in flüchtige Fluoride, wie WF_6, MoF_6, ReF_7, TaF_5 u. a., überführt und danach durch Reduktion mit Wasserstoff aus der Gasphase abgeschieden werden.

9. Physiologie und Pathophysiologie des Fluors

Hinsichtlich ihrer biologischen Wirkungen verhalten sich organische und anorganische Fluorverbindungen unterschiedlich, eine Differenzierung ist deshalb angebracht.

9.1. Toxizität fluororganischer Verbindungen

Einige der am stärksten toxischen Substanzen enthalten Fluor, viele davon wurden vorsätzlich auf dem militärischen Sektor entwickelt. Andererseits enthalten einige der am wenigsten toxischen Kohlenstoffverbindungen ebenfalls Fluor, z. B. einige Anaesthetika und die Fluorkohlenstoffe, die als Kältemittel und Treibgase für Spraydosen verwendet werden.

Die toxischen Wirkungen der organischen Fluorverbindungen entsprechen nicht denen anorganischer Fluoride, da sie im allgemeinen nicht mit der Freisetzung von Fluoridionen verbunden sind.

Bis auf wenige beachtenswerte Ausnahmen sind die Wirkmechanismen dieser Verbindungen noch unbekannt.

Eingehend untersucht wurden die metabolischen Wirksamkeiten der Monofluorcarbonsäuren und ihrer Derivate. So sind alle Verbindungen, die durch Oxydation oder Hydrolyse die Gruppierung $FCH_2{-}CO$- bilden, extrem toxisch (Ultragifte). Demzufolge sind die Vertreter der Reihe $F(CH_2)_n$ COOH mit ungeradem n toxisch, während jene mit geradem n praktisch keine Toxizität aufweisen; Denn durch β-Oxydation erfolgt einmal der Abbau bis zur Monofluoressigsäure, während zum anderen nur bis zur β-Fluorpropionsäure abgebaut wird.

Die Vergiftung mit Fluoressigsäure und ihren Derivaten beruht auf einer Blockierung des Tricarbonsäurezyklus. Dabei wird Fluor an die Citronensäure abgegeben:

$$FCH_2COOH + \begin{array}{l} CH_2COOH \\ | \\ C(OH)COOH \\ | \\ CH_2COOH \end{array} \rightarrow CH_3COOH + \begin{array}{l} FCHCOOH \\ | \\ C(OH)COOH \\ | \\ CH_2COOH \end{array}$$

Die Tätigkeit des in den Mitochondrien vorkommenden Enzyms Aconitase, welches für die Umwandlung von cis-Aconitsäure in Citronen- oder iso-Citronensäure verantwortlich ist, wird dadurch gehemmt. Indem die Fluorcitronensäure mit der Citronensäure um die Aconitase konkurriert und hierbei die fluorierte Citronensäure die Aconitase für sich beansprucht, findet in einer sog. letalen Synthese die pathologische Anreicherung von Citronensäure statt. Die Ursache der toxischen Symptome ist aber mehr die Tatsache, daß es durch die Störung der Oxydation der Citronensäure zur Schädigung des Krebs-Zyklus der Tricarbonsäuren kommt, der das biochemische Zentrum des Intermediärstoffwechsels darstellt. (Für FCH_2COOH beträgt die 50%ige letale Dosis bei Ratten 2,5 mg/kg).

9.2. Toxizität anorganischer Fluoride

Erst relativ hohe Konzentrationen löslicher Fluoride bewirken toxische Effekte. Im Falle des Natriumfluorides stellen etwa 5 bis 10 g die letale Dosis für einen 70 kg schweren Menschen dar, das sind 70—140 mg · kg^{-1}.

Auf Fluoride zurückzuführende chronische Effekte (Fluorose) werden als Abnormalitäten oder Schäden des Skeletts beobachtet, die von rheumatischen Erscheinungen bis zu permanenten Skelettversteifungen reichen. So traten bei Personen, die auf Grund ihrer Arbeit in Aluminium-, Phosphat- oder anderen Fluorwerken früher große Mengen an Fluoriden (20—80 mg täglich über 10 bis 20 Jahre) aufnahmen, diese extremen Symptome auf, wobei außerordentlich hohe Fluoridkonzentrationen (bis zu 13000 ppm) in den Knochen der Geschädigten festzustellen waren.

Weit gefährlicher aber sind die Haut- und Augenverätzungen durch Fluorwasserstoff, Fluor oder kovalente Fluoride, die unter Bildung von Fluorwasserstoff hydrolysieren. Diese Stoffe wirken auf die Haut extrem zerstörend. Obwohl es keine absolute Toleranzgrenze für den Menschen gibt, dürfte der Wert für HF bei 3 ppm liegen. Lösungen von HF mit Konzentrationen über 40% sowie Dämpfe dieser Lösungen zerstören die Haut unter Bildung von Nekrosen und schwerheilenden Geschwüren. Die Inhalation des Gases führt zu schweren Lungenödemen. Schon geringe Mengen verursachen Augenreizungen.

Strömt Fluor auf die Haut, entstehen Verbrennungen wie mit einer Acetylenflamme. War die Einwirkung leicht, können Stunden bis zum Auftreten von Schmerzen vergehen. Erfolgt keine entsprechende Behandlung, kommt es infolge der HF-Bildung zu Nekrosen und Geschwürbildungen.

In seiner gewebe- und knochenzerstörenden Wirkung ist Fluorwasserstoff hochspezifisch und unterscheidet sich dabei von den anderen ätzenden Mineralsäuren. Weil sich HF als das kräftigste Lösungsmittel für Proteine und verwandte Verbindungen sehr schnell im Gewebe löst, können tiefere Gewebsschichten und Knochen zerstört werden.

Zur Behandlung der Haut wurde früher eine Calciumgluconat-Lösung subcutan gespritzt, in der Meinung, daß die Fluoridionen als unlösliches Calciumfluorid abgefangen würden. Heute wendet man diese kaum wirksame Methode nicht mehr an. Die verätzte Hautstelle wird vielmehr mit einer harten Bürste bei fließendem Wasser kräftig gebürstet bzw. abgekratzt, danach wird Prednisolon-Salbe (Dehydrokortison) aufgetragen, und der Verletzte begibt sich sofort in fachärztliche Behandlung. Bei schweren, älteren oder durch die Erste Hilfe nicht versorgten, oder nicht zu beeinflussenden Fällen wird meist eine Lokalbehandlung, ergänzt durch allgemeine und chirurgische Maßnahmen, durchgeführt. Den Mittelpunkt dieser Therapie stellt die sobald als möglich durchzuführende kombinierte lokale Um- und Unterspritzung des verätzten Hautgebietes mit einer Medikamentenkombination von Jenacain, Hyaluronidase und Kortikosteroid dar. Daran kann sich gegebenenfalls eine chirurgische Blasenabtragung, Abszeßöffnung und Hauttransplantation anschließen.

Es ist daher bei allen Arbeiten mit Fluor, Fluorwasserstoff, Flußsäure oder löslichen, kovalenten Fluoriden größte Vorsicht geboten. Augenschutz, Gummihandschuhe und gegebenenfalls Gummistiefel und -Anzüge sowie Gasmaske sind zu tragen.

9.3. Trinkwasser-Fluoridierung

Da im Kindesalter Fluorid in den Apatit der Knochen und Zähne eingebaut wird, sollen in Gegenden mit fluoridarmem Trinkwasser durch künstliche Trinkwasserfluoridierung die Zähne gegen Caries resistent gemacht werden können. Die Mehrzahl der diesbezüglichen Untersuchungen zeigen einen Rückgang von ca. 60% im Auftreten der Zahncaries bei Kindern nach der Fluoridierung von Trinkwasser mit niedrigem Fluoridgehalt an. Das Optimum an Fluorid im Wasser darf aber 1 ppm nicht überschreiten, weil sonst der Zahnschmelz fleckig und spröde wird.

Man ist heute der Auffassung, daß selbst bei dem ständigen Genuß von Trinkwasser mit 1 ppm Fluoridgehalt der Nutzen noch größer als der Schaden ist.

Unterhalb von 4 ppm Fluoridgehalt dürfte mit dem Auftreten von Skelettfluorose („Trinkwasserfluorose“) nicht mehr zu rechnen sein. Höhere Konzentrationen sind schädlich.

10. Fluorwasserstoff

Reinster, wasserfreier Fluorwasserstoff wurde 1856 von E. Fremy durch Erhitzen von KHF_2 hergestellt. Die technische Produktion von Fluorwasserstoff hat nach jahrzehntelang bescheidenem Umfang etwa ab 1920, zunächst in Zusammenhang mit der Entwicklung der Aluminiumindustrie, einen erheblichen Aufschwung genommen.

10.1. Verwendung von Fluorwasserstoff

Fluorwasserstoff ist heute das Schlüsselprodukt der gesamten Fluorindustrie, seine Produktion steigt ständig an.

Im Weltmaßstab werden enorme Mengen an Fluorwasserstoff zur Darstellung von Kryolith, Na_3AlF_6 bzw. AlF_3 und NaF für die Aluminiumproduktion sowie zur Erzeugung von elementarem Fluor (s. Abschn. 6.) benötigt. Für die Produktion und Isotopentrennung des Urans wird HF direkt zur Überführung von UO_2 in UF_4 verwendet.

Große Mengen an wasserfreiem HF werden zur Synthese von Kohlenstoff-Halogen-Fluor-Verbindungen, den Freonen, entsprechend den Swarts-Reaktionen bzw. der heterogenen Fluorierung (s. Abschn. 26.3.4.) sowie zur Darstellung aliphatischer und aromatischer Fluor- und Perfluor-Verbindungen mittels der Elektrofluorierung nach Simons (s. Abschn. 26.3.5.) verbraucht. Große Bedeutung hat wasserfreier Fluorwasserstoff als Lösungsmittel sowie als Alkylierungs- und Isomerisierungs-Katalysator zur Synthese hochklopffester isoparaffinischer Motorentreibstoffe. Erhebliche Mengen an HF werden in der Stahlindustrie zur Reinigung des Erzeugnisses vom

Gußsand verbraucht, ferner in Tiefbohrungen zur Auflockerung des Gesteins.

Fluorwasserstoff und Flußsäure werden weiterhin zur Herstellung einer Reihe von Salzen, Fluoriden und Fluorokomplexen, eingesetzt. Gegenüber den bereits genannten Einsatzgebieten von HF ist der Verbrauch an Fluorwasserstoff, Flußsäure und Fluoriden in der Glastechnik — als Flußmittel, zum Maskieren der Fe^{3+}-Ionen und zum Glasätzen — sehr niedrig.

10.2. Darstellung von Fluorwasserstoff

Technisch wird der Fluorwasserstoff in wasserfreier Form ausschließlich durch Aufschluß von Flußspat, CaF_2, mit Schwefelsäure gewonnen:

$$CaF_2 + H_2SO_4 \rightarrow CaSO_4 + 2HF$$

Dieser an sich einfache Prozeß ist durch den steigenden Bedarf an Fluorwasserstoff und wegen der technischen Schwierigkeiten apparativ im Laufe der letzten Jahrzehnte erheblich abgewandelt worden.

Ausgangsstoff ist der sog. Säurespat, ein besonders kieselsäurearmer Flußspat, mit mindestens 95% CaF_2 und höchstens 2% SiO_2. Spat dieser Qualität wird in den seltensten Fällen natürlich vorgefunden, praktisch muß daher der gesamte Säurespat durch Aufbereitung gewonnen werden. Dabei wird das geförderte Gut nach entsprechender Zerkleinerung klassiert und anschließend flotiert oder im Sinkscheideverfahren mit schwerer Trübe aus Ferrosilicium abgetrennt.

Allgemein wird der Flußspat zur Verarbeitung mit Schwefelsäure fein gemahlen (Korngröße weniger als 0,1 mm), da er sich mit der Säure nur dann rasch genug und mit befriedigender Ausbeute umsetzt. Die Schwefelsäure wird in möglichst konzentrierter Form verwendet, aber nicht über 98%ig, da dann bereits merkliche Mengen als Schwefelsäure selbst oder als Fluorsulfonsäure mit dem Fluorwasserstoff entweichen und diesen verunreinigen.

Der Umsatz wird in beheizbaren Drehrohröfen aus kohlenstoffarmem Stahl durchgeführt, die das im vorgeschalteten Mischer bereitete Reaktionsgut kontinuierlich bei allmählich bis ca. +300 °C steigender Temperatur unter Umwälzen durchläuft. Die Trommel ist zu diesem Zweck schwach geneigt gelagert und von den Heizgasen so umströmt, daß die heißeste Zone sich in der Nähe des Auslaufes befindet. Der Calciumsulfat-Rückstand verläßt die Trommel durch einen schleusenartigen Teil am unteren Ende.

Der Fluorwasserstoff entweicht durch einen Stutzen, der in der Nähe des Einlaufes der Reaktionsmischung an der übrigen, in ihrem zentralen Teil stillstehenden Stirnwand angebracht ist (s. Abb. 2).

Aus den Ofengasen, die etwa 95% HF enthalten, lassen sich in einem Arbeitsgang hochkonzentrierter Fluorwasserstoff und wäßrige Flußsäure durch Kühlung und Kondensation der Gase bei stufenweise sinkender Temperatur gewinnen. Es scheiden sich dabei bei etwa +80 °C etwas Schwefelsäure und Staub ab, bei etwa +30 °C erhält man 60 bis 65% des vorhandenen Fluorwasserstoffs als 60 bis 80%ige wäßrige Säure, die kleine Mengen Schwefelsäure und etwas Hexafluorokieselsäure enthält, weiter im anschließenden Tiefkühler bei +10 bis −20 °C praktisch wasserfreien Fluorwasserstoff mit nur geringen Verunreinigungen.

Die Abgase bestehen neben restlichem Fluorwasserstoff aus dem Inertgasanteil, wie Luft und Kohlendioxid, und Siliciumtetrafluorid, das in einer letzten Absorptionsanlage als Hexafluorokieselsäure in Wasser gelöst wird.

(Aus dem Ofengas-Gemisch läßt sich aber auch der Fluorwasserstoff mit konzentrierter Schwefelsäure absorbieren. Dabei entsteht eine etwa 70%ige Lösung in Schwefelsäure, die destillativ getrennt wird).

Aus dem wasserhaltigen Produkt kann wasserfreier Fluorwasserstoff durch fraktionierte Destillation in einer eisernen Kolonne mit Kupferverdampfer relativ einfach gewonnen werden. Nach der fraktionierten Destillation

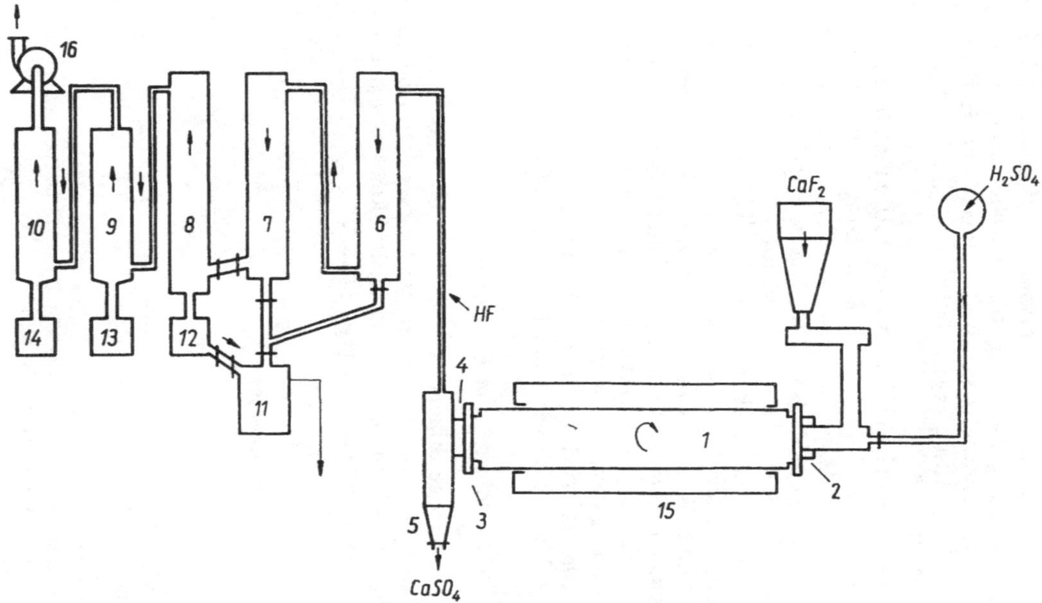

Abb. 2. Schema einer Drehrohrofenanlage zur Fabrikation von Fluorwasserstoff und Flußsäure

1 – Reaktionsrohr, *2* – Halslager, *3* – Rollenlager, *4* – Stauraum, *5* – Austragschleuse, *6* u. *7* – Wasserkühler, *8* – Solekühler, *9* u. *10* – Waschtürme, *11* – Vorlage für konz. HF, *12* – Vorlage für wasserarme Säure, *13* u. *14* – Vorlagen für Waschsäure, *15* – Ofen, *16* – Ventilator

besitzt der „wasserfreie“ Fluorwasserstoff eine Reinheit von 99,5 bis 99,9%. Es wird in Stahlflaschen und -fässern gehandelt. (Als typische Verunreinigungen sind H_2O von 0,02 bis 0,2%, H_2SO_4 etwa 0,005% und „H_2SiF_6“ etwa 0,1% enthalten).

Reinster, wasserfreier Fluorwasserstoff wird im Labormaßstab durch thermische Zersetzung von KHF_2 ($KHF_2 \rightarrow KF + HF$) in einer Kupfer- oder Platinapparatur bei 500 bis 600 °C nach elektrolytischer Vortrocknung des Salzes bei 220 °C erhalten.

Eine weitere Möglichkeit für die Fluorwasserstoff-Produktion besteht in der Aufbereitung fluorhaltiger Apatite und Phosphorite durch sauren Aufschluß zu Düngemitteln. Dabei könnte anfallendes Siliciumtetrafluorid durch Pyrohydrolyse in Fluorwasserstoff bzw. Flußsäure umgewandelt werden.

Gegenwärtig wird daran gearbeitet, ein solches Verfahren technologisch wirtschaftlich zu gestalten.

10.3. Eigenschaften von Fluorwasserstoff

Der wasserfreie Fluorwasserstoff ist eine hoch assoziierte, aber leicht bewegliche, an der Luft stark rauchende und sehr hygroskopische, farblose Flüssigkeit und ein ausgezeichnetes Lösungsmittel (vgl. (Tab. 2).

Tabelle 2

Eigenschaften von Fluorwasserstoff

Schmelzpunkt (°C)	– 83,1
Siedepunkt (°C)	19,5
Verdampfungsenthalpie ($kJ \cdot mol^{-1}$)	30,1
Kritische Temperatur (°C)	230,2
Bildungsenthalpie ΔH_f^0 bei 25°C ($kJ \cdot mol^{-1}$)	–271,1
Dielektrizitätskonstante	175 (bei –73°C)
Dichte (flüssig) beim Sdp. ($g \cdot cm^{-3}$)	0,991
Spezifische Leitfähigkeit ($Ohm^{-1} \cdot cm^{-1}$)	$1,4 \cdot 10^{-5}$ (bei –15 °C)
Thermischer Dissoziationsgrad bei 1000°C und 1 bar Druck (%)	0,00
Bindungsenergie H-F (kJ)	569
Bindungslänge H-F der Gasmolekel (nm)	0,092

Eine Assoziation der HF-Molekeln erfolgt auch noch im gasförmigen Zustand, wobei $(HF)_6$—$(HF)_7$- und $(HF)_8$-Molekeln vorliegen. Erst bei 90 °C tritt HF monomer auf.

In den polymeren HF-Spezies liegen Zick-Zack-Ketten mit einem H—F—H-Winkel von ca. 140° vor:

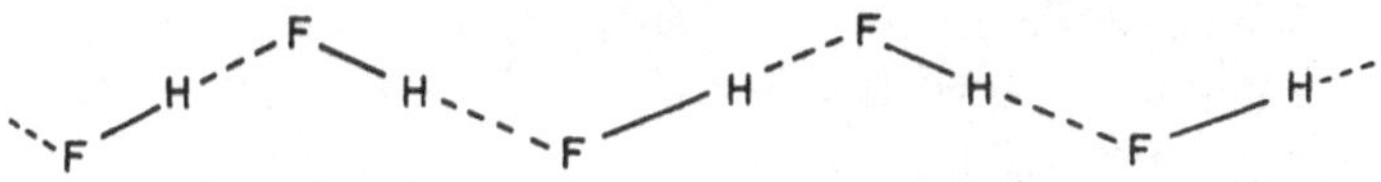

Auch im festen Zustand ist der Fluorwasserstoff über Wasserstoffbrücken assoziiert.

Fluorwasserstoff läßt sich im industriellen Einsatz in Apparaturen aus Eisen, Kupfer, Nickel und Blei relativ leicht handhaben. Diese Metalle bilden Fluoridschutzschichten, ihre Korrosion nimmt aber mit steigendem Wassergehalt zu. Stahl verträgt HF nur in Konzentrationen über 60%.

Dagegen wird das labormäßige Arbeiten mit Fluorwasserstoff oder Fluorwasserstoffsäure („Flußsäure") durch die schon bei relativ tiefen Temperaturen vorherrschende Reaktion mit Glas oder Quarz unter Bildung von Siliciumtetrafluorid und Wasser erschwert.:

$$SiO_2 + 4\,HF \rightarrow SiF_4 + 2\,H_2O$$

(Auch mit den üblichen Trockenmitteln reagiert HF)

Erst durch den Einsatz von HF-inerter Plasten (Polyäthen, Polytetrafluoräthen („Teflon"), Kel-F) ist eine umfassende Untersuchung des „Solvosystems HF" möglich geworden, denn bis zur Anwendung von Gefäßmaterialien aus diesen Plasten konnte nur in Platin- oder Goldapparaturen gearbeitet werden. (Bei der Handhabung von Fluorwasserstoff oder Flußsäure ist aber unbedingt zu beachten, daß diese Verbindungen sehr toxisch sind und auf die Haut extrem zerstörend wirken (s. S. 30).

10.4. Das Solvosystem Fluorwasserstoff

Flüssiger Fluorwasserstoff hat nahezu die gleichhohe Dielektrizitätskonstante wie Wasser und ist nach dem Wasser eines der am allgemeinsten anwendbaren Lösungsmittel. In gewisser Hinsicht übertrifft es sogar Wasser als Solvens sowohl für anorganische als auch organische Verbindungen; auch die letzteren bilden oft gut leitende Lösungen.

Von den Salzen sind gut löslich die Alkalifluoride, -nitrate, -sulfate-, -acetate, ferner BaF_2, AgF, TlF, Ag_2SO_4, Tl_2SO_4. Unlöslich sind die Fluoride CaF_2, MgF_2, CuF_2, ZnF_2, HgF_2, AlF_3, CrF_3 und FeF_3. Die Halogenide (Cl^-, Br^-, J^-) sind unlöslich oder sie setzen sich wie die Alkali- oder Erdalkalihalogenide und $AlCl_3$ unter Entweichen von Halogenwasserstoff zu den Fluoriden um.

Sehr reiner Fluorwasserstoff hat eine sehr niedrige Leitfähigkeit entsprechend der Eigendissoziationsgleichgewichte:

$$2\,HF \rightleftharpoons H_2F^+ + F^-$$

$$F^- + HF \rightleftharpoons HF_2^-(H_2F_3^-,\ H_3F_4^-\ \text{usw.})$$

Da das Fluorid-Ion die konjugierte Base darstellt, sind Fluoride im HF-System Basen.

Die Bildung der stabilen Anionen (HF_2^-, $H_2F_3^-$, $H_3F_4^-$ usw.) in fl. HF erklärt die extrem große Säurestärke des reinen Fluorwasserstoffs. Nur wenige Substanzen, wie AsF_5, SbF_5, BF_3, SnF_4 und JF_5, die zu den stärksten Fluorid-Ionen-Akzeptoren gehören, wirken im fl. HF als Säuren und erhöhen somit die H_2F^+-Konzentration, z. B.:

$$2\,HF + YF_5 \rightleftharpoons H_2F^+ + YF_6^- \qquad (Y = \text{As, Sb, J})$$

$$2\,HF + BF_3 \rightleftharpoons H_2F^+ + BF_4^-$$

$$4\,HF + SnF_4 \rightleftharpoons 2\,H_2F^+ + SnF_6^{2-}$$

Solche Lösungen können als „Supersäuren" viele Metalle auflösen. Verschiedene starke Säuren, wie Schwefelsäure oder Salpetersäure, verhalten sich im fl. HF als Basen, d. h. als Protonenakzeptoren:

$$(HO)_2SO_2 + 3\,HF \rightleftharpoons HOSO_2F + H_3O^+ + HF_2^-$$

$$HONO_2 + 2\,HF \rightleftharpoons (HO)_2NO^+ + HF_2^-$$

Natürlich wird auch die schwächere Essigsäure zur Base:

$$CH_3COOH + 2\,HF \rightleftharpoons CH_3C(OH)_2^+ + HF_2^-$$

Daneben gibt es andere Reaktionen, welche Salzbildung durch Neutralisation, amphoteres Verhalten, Komplexbildung, Solvolyse oder Solvatbildung im fl. HF erkennen lassen.

Beispiele:

— Salzbildung durch Neutralisation ($H_2F^+ + HF_2^- \rightarrow 3\,HF$):

  Darstellung von $[BrF_2]^+[SbF_6]^-$ durch Reaktion von BrF_3 mit SbF_5:
  $BrF_2^+ + HF_2^- + H_2F^+ + SbF_6^- \rightarrow BrF_2\,SbF_6 + 3\,HF$

  Darstellung von $AgBF_4$ aus AgF und BF_3 in fl. HF:

$$AgF + H_2F^+ + BF_4^- \rightarrow AgBF_4 + 2\,HF$$

— Amphoterie: Die Base AlF_3 hat amphoteren Charakter, sie löst sich im Überschuß einer NaF—HF-Lösung unter Bildung von Na_3AlF_6. Bei Zugabe der Säure BF_3 fällt AlF_3 wieder aus.

— Solvolyse: Während nur Salze sehr starker Säuren, wie z. B. $KClO_4$ in fl. HF ohne Reaktion mit dem Solvens dissoziieren, verläuft die Auflösung von Salzen in fl. HF fast immer unter Bildung von HF_2^--Ionen,

d. h. unter solvolytischer Bildung von Basen, z. B. Alkalihalogenide:

$$KCl + 2HF \rightarrow K^+ + HF_2^- + HCl \uparrow$$

$$RbBr + 2HF \rightarrow Rb^+ + HF_2^- + HBr \uparrow$$

$$CsJ + 2HF \rightarrow Cs^+ + HF_2^- + HJ \uparrow$$

Auch Acetate und Nitrate unterliegen der Solvolyse, die dabei gebildeten freien Säuren reagieren weiter als Basen und erhöhen die elektrische Leitfähigkeit:

$$CH_3COOK + 2HF \rightarrow CH_3COOH + K^+ + HF_2^-$$

$$(CH_3COOH + 2HF \rightarrow CH_3C(OH)_2^+ + HF_2^-)$$

$$KNO_3 + 2HF \rightarrow HNO_3 + K^+ + HF_2^-$$

$$(HNO_3 + 2HF \rightarrow H_2NO_3^+ + HF_2^-)$$

— Solvatbildung: Da im HF-System das Fluorid-Ion das beständigste Ion ist, sind Addukte nur von Fluoriden bekannt.
So kennt man Solvate der Typen MF · HF ($M^+HF_2^-$), MF·2HF($M^+H_2F_3^-$) und MF·3HF($M^+H_3F_4^-$), wobei M = K, Rb, Tl oder Ag bedeutet.

Die Leitfähigkeit der Lösungen vieler organischer Substanzen in fl. HF ist vor allem auf Protonierung des gelösten Stoffes zurückzuführen, z. B.:

$$C_2H_5OH + 2HF \rightleftharpoons C_2H_5OH_2^+ + HF_2^-$$

$$C_6H_6 + 2HF \rightleftharpoons C_6H_7^+ + HF_2^-$$

Die aromatischen Kohlenwasserstoffe bilden gefärbte Lösungen, ihre Löslichkeiten können durch Zugabe von Fluorid-Ionen-Akzeptoren, wie SbF_5 und BF_3, erhöht werden. Die aus einigen organischen und metallorganischen Molekülen gebildeten protonierten Spezies lassen sich in Form der kristallinen SbF_6^-- oder BF_4^--Salze isolieren.

Im Gegensatz zum Wasser zeigt fl. HF eine geringe Mannigfaltigkeit der Reaktionstypen. Solvolyse und Protonierung sind stark bevorzugt, demzufolge sind das F^-- bzw. HF_2^--Ion das bei weitem häufigste Anion; Basen treten besonders häufig auf. Die Zahl der verfügbaren Kationen ist dadurch größer als beim Wasser, aber die Eintönigkeit der Anionen begrenzt die Zahl der Fällungsreaktionen.

10.5. Flußsäure und Fluoride

Mit Wasser ist Fluorwasserstoff zwischen 0 und 19,5 °C in allen Verhältnissen mischbar. Die konzentrierten Lösungen rauchen unter Abgabe von Fluorwasserstoff an der Luft. Fluorwasserstoff bildet mit Wasser ein Azeotrop, das bei 1 bar und 112 °C siedet und 38% HF enthält. Die handelsübliche Flußsäure ist meist 38 bis 40%ig, bei einem Gehalt von 40% hat sie die Dichte von 1,13 g · cm^{-3}.

Flußsäure wird in Plastgefäßen aus Polyäthen, Teflon, Polystyrol, Guttapercha oder paraffinierten Glasgefäßen aufbewahrt. In wäßriger Lösung dissoziiert Fluorwasserstoff von

$$(HF)_n + H_2O \rightleftharpoons (HF_{n-1}F_n)^- + H_3O^+$$

über $$(H_3F_4)^- + H_2O \rightleftharpoons 2\,HF_2^- + H_3O^+$$

nach $$HF_2^- + H_2O \rightleftharpoons 2\,F^- + H_3O^+$$

In einer 1 N-Lösung liegen nur etwa 1% F^--Ionen, dagegen etwa 10% HF_2^--Ionen vor, wodurch die Leitfähigkeit der Flußsäure viel niedriger ist als die der anderen Halogenwasserstoffsäuren unter gleichen Bedingungen. Auch der Wert der Dissoziationskonstante der Flußsäure, $K = 3{,}5 \cdot 10^{-4}\ mol \cdot l^{-1}$ zeigt, daß sie eine nur mäßig dissoziierte Säure, etwa gleich der Essigsäure, ist.

Wegen der Beständigkeit der polymeren Anionen können Fluorwasserstoff bzw. Flußsäure nicht nur neutrale, sondern auch saure Salze (Hydrogenfluoride) bilden.

So kristallisieren die Alkalifluoride aus flußsäurehaltigen Lösungen als Hydrogenfluoride $M^+HF_2^-$, und aus wasserfreiem Fluorwasserstoff als Salze der Typen $M^+HF_2^-(MF \cdot HF)$, $M^+H_2F_3^-(MF \cdot 2HF)$ und $M^+H_3F_4^-$ $(MF \cdot 3HF)$ aus.

11. Darstellung von Fluoriden

Alle Elemente, außer den leichten Edelgasen, bilden stabile Fluoride. Im allgemeinen lassen sich Fluorverbindungen der höchsten Wertigkeitsstufen gewinnen (s. Abschn. 5.). Letztlich werden alle Fluoride aus HF dargestellt, sei es auf dem Umweg über elementares Fluor oder über Hexafluorosilicate, sei es durch direkte Umsetzung mit Hydrogenfluorid oder Flußsäure.

Dabei dienen zur Darstellung kovalenter und ionischer Fluoride folgende Verfahren:

— Reaktion von HF oder HF(*aq*) mit einem Oxid, Hydroxid oder Carbonat: z. B. $Al(OH)_3 + 3HF \rightarrow AlF_3 + 3H_2O$

— Halogenaustausch mittels HF: z. B.

$$AsCl_3 + 3HF \rightarrow AsF_3 + 3HCl$$

— Fluorierung mittels F_2: z. B. $Xe + 2F_2 \rightarrow XeF_4$

— Fluorierung mit Fluorierungsmitteln (z. B. AsF_3, AgF, AgF_2, CoF_3, XeF_2, ClF_3, BrF_3, BrF_5, IF_5, AsF_5, KSO_2F):

z. B. $3PCl_5 + 5AsF_3 \rightarrow 3PF_5 + 5AsCl_3$

$^1/_8S_8 + 6CoF_3 \rightarrow SF_6 + 6CoF_2$

— Elektrofluorierung im flüssigen HF (s. Abschn. 26.3.5.)

z. B. $H_2O \rightarrow OF_2, O_2, HF$

$H_2S \rightarrow SF_6, HF$

$CS_2 \rightarrow CF_3SF_5, SF_6, CF_4$

12. Bindungsverhältnisse in Fluoriden

Die Fluoride unterscheiden sich in vielen Fällen sehr charakteristisch von den anderen Verbindungen derselben Elemente, da das Fluor infolge seines kleinen Atom- bzw. Ionenvolumens, der hohen Elektronegativität und der geringen Polarisierbarkeit (s. Tab. 1) ihnen sein Gepräge gibt. Bei vielen Verbindungen ist es nicht möglich zu entscheiden, ob man sie in die Gruppe der Salze des Fluorwasserstoffs oder in die Reihe unpolarer Fluoride einordnen soll.

12.1. Kovalente Fluoride

Trotz seiner hohen Elektronegativität bildet Fluor mit allen Nichtmetallen kovalente und nicht ionische Fluoride.

Fluoride von Nichtmetallen (NF_3, CF_4, SF_6 u. a.) sind oft reaktionsträger als die entsprechenden anderen Halogenide. Die Nichtmetall-Fluor-Bindungen sind also nicht nur thermodynamisch sehr stabil, sondern oft auch kinetisch inert. Natürlich weisen auf Grund der hohen Elektronegativität des Fluors solche Bindungen einen erheblichen polaren Charakter auf. Wegen ihrer großen Anziehungskraft auf Elektronendichten üben Fluoratome in kovalenten Bindungen einen starken induktiven Effekt aus.

Das zeigt sich an folgenden Beispielen:

- Im SOF_2 ist die SO-Bindung wesentlich stärker als in jeder anderen Thionylverbindung. Entsprechendes gilt bei den Sulfuryl-, Seleninyl-, Selenyl- und Phosphorverbindungen.
- $(CF_3)_3N$ ist eine wesentlich schwächere Lewis-Base als $(CH_3)_3N$. Die Elektronegativität der CF_3-Gruppe beträgt etwa 3,5, die der CH_3-Gruppe etwa 2,5.
- CF_3COOH ist eine wesentlich stärkere Säure als CH_3COOH.

— NF_3 ist weniger basisch als NH_3 und bildet daher nur noch mit extrem starken Lewis-Säuren Ammoniumverbindungen (z. B. $NF_4^+SbF_6^-$).
— CF_3-Derivate werden durch elektrophile Agenzien bei anionischen Substitutionen viel weniger leicht angegriffen als CH_3-Verbindungen.

Die Koordinationszahl des Fluors ist in der Regel 1. Es sind aber auch Spezies bekannt, in denen Fluoratome als Brücken fungieren und zweifach koordiniert sind. Im BeF_2-Glas sind die BeF_4-Tetraeder über gemeinsame Fluoratome verbunden. Im $Sb_2F_{11}^-$-Ion liegt eine Sb—F—Sb-Gruppierung vor. Fluorbrücken werden auch in den tetrameren Strukturen einiger Übergangsmetallpentafluoride gefunden. Die mit dem Substituenten Fluor erreichbaren Koordinateionszahlen sind meistens höher als die bei den übrigen Halogenen realisierbaren. So existieren zu den Fluoriden NF_4^+, SF_6, XeF_6, UF_6, IF_7, ReF_7, OsF_7, XeF_8^{2-}, TeF_8^{2-} nicht die analogen Chloride, Bromide oder Jodide. Dafür dürften neben den höheren Bindungsenergien der Fluoride auch sterische Gründe maßgeblich sein.

12.2. Ionische Fluoride

Metallfluoride besitzen meist stärker ausgeprägt salzartigen Charakter. Dies zeigt sich sehr deutlich in den Gitterstrukturen. Diese Fluoride kristallisieren gewöhnlich in typischen Ionengittern (Steinsalzgitter, Fluoritgitter u. a.), während die anderen Halogenide mit gleichem Formeltyp gewöhnlich völlig verschiedene Gitter besitzen und sogar in Molekülgittern (wie z. B. $HgCl_2$ und $PbCl_4$) kristallisieren.

Da der relativ kleine Radius des Fluoridions (0,136 nm) sich merklich von denen der anderen Halogenidionen unterscheidet (s. Tab. 1), aber fast mit dem des Oxidions, O^{2-} (0,140 nm) identisch ist, ergeben sich gewisse Analogien in derKristallchemie von Fluoriden und Oxiden.

So sind viele Fluoride und Oxide mit ähnlichen Formeln und Kristallstrukturen ionisch, z. B. CaO und NaF.

In mehreren Fällen sind die Fluoride fast vollständig ionisch, die anderen Halogenide jedoch kovalent; z. B. haben CdF_2 und SrF_2 ein CaF_2-(Fluorit-)Gitter, während $CdCl_2$ und $MgCl_2$ ein Schichtengitter bilden, in dem die

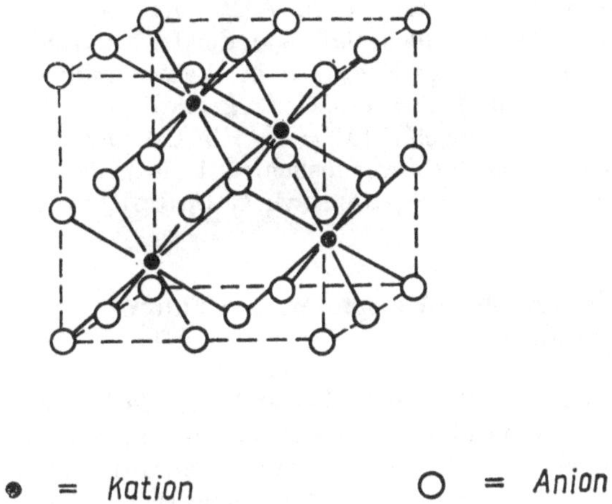

Abb. 3. Fluoritgitter

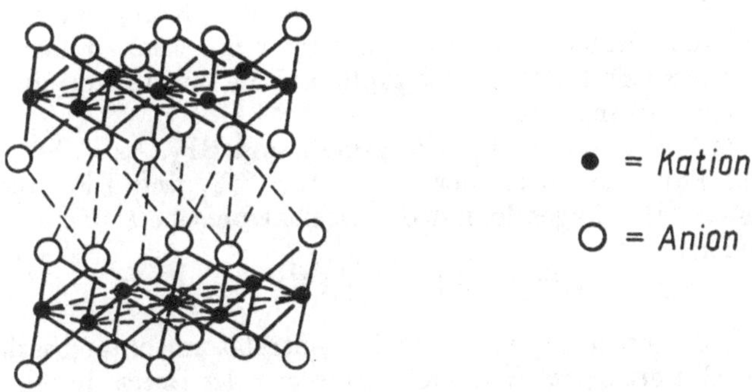

Abb. 4. Schichtengitter

Metallatome oktaedrisch von Chloratomen umgeben sind. Diese Unterschiede äußern sich auch in bezug auf die Schmelz- und Siedepunkte und die Löslichkeit in Wasser und anderen ionisierenden Lösungsmitteln. Während z. B. Calciumchlorid, -bromid oder -jodid in Wasser leicht löslich sind und an der Luft zerfließen, ist Calciumfluorid schwerlöslich. Zum Unterschied von den in Wasser schwerlöslichen Silberhalogeniden AgCl, AgBr und AgJ, ist Silberfluorid so leicht löslich, daß es an der Luft zerfließt.

Die Löslichkeiten von Fluoriden in Wasser variieren zwischen leicht- und schwerlöslich. Leichtlöslich sind z. B. die Alkalifluoride MF (M = K, Rb, Cs) und AgF, mäßig löslich ist NaF, schwer löslich sind die Erdalkalifluoride MF_2 (M = Ca, Sr, Ba) sowie CuF_2, PbF_2 u. a.

13. Fluoridionen-Akzeptoren und Fluorokomplexe

Verschiedene Metall- und Nichtmetallfluoride besitzen die Fähigkeit, Fluoridionen zu komplexen Anionen anzulagern. So bilden viele Kationen von hoher Ladung und mit kleinem Radius mit Fluoridionen mehr stabile Komplexe als mit anderen Halogenidionen.

Zu Verbindungen wie AlF_4^-, AlF_6^{3-}, BF_4^-, SiF_6^{2-}, FeF_6^{3-} und CoF_6^{3-} gibt es keine analogen Komplexe mit anderen Halogenen. Die Gitterenergien der Fluorokomplexe sind oft ziemlich groß, und die Substanzen sind demgemäß sehr stabil.

Besonders starke F^--Akzeptoren sind BF_3, AsF_5, SbF_5 und PtF_5, daneben aber auch AlF_3, SiF_4 und PF_5, aus denen dabei folgende, mit SF_6 isoelektronische Ionen entstehen:

$$AlF_6^{3-} \qquad SiF_6^{2-} \qquad PF_6^- \qquad SF_6$$

In diesen vier Spezies sind die Zentralatome oktaedrisch koordiniert (sp^3d^2-Hybride) und wegen der Besetzung der energetisch günstigen d-Orbitale und z. T. auch aus räumlichen Gründen gegen den Angriff nucleophiler Spezies, wie H_2O, relativ stabil. Während SiF_4 und PF_5 sofort hydrolysieren, sind die Hexafluoro-Komplexe in Wasser unzersetzt löslich. Außer in Lösungen existieren sie auch in Ionengittern und Schmelzen entsprechender Salze. Die zugehörigen Säuren H_3AlF_6, H_2SiF_6 und HPF_6 sind jedoch nicht wasserfrei darstellbar, sondern zerfallen sofort in HF und das entsprechende Fluorid. In wäßrigen Lösungen sind sie völlig dissoziiert, beim Abkühlen von „H_2SiF_6-Lösungen" kristallisiert das Oxoniumsalz $(H_3O)_2SiF_6$ aus.

Durch Reaktion kovalenter Fluoride mit F^--Akzeptoren lassen sich verschiedene salzartige Verbindungen darstellen, zu denen es bei den übrigen Halogenen keine Analogien gibt:

$$JF_7 + AsF_5 \rightarrow [JF_6]^+[AsF_6]^-$$

$$2\,XeF_2 + PtF_5 \rightarrow [Xe_2F_3]^+[PtF_6]^-$$

$$O_2F_2 + PF_5 \rightarrow [O_2]^+[PtF_6]^- + 1/2\,F_2$$

$$3\,NOF + 2\,IrF_6 \rightarrow 2\,[NO]^+[IrF_6]^- + ONF_3$$

$$ONF_3 + AsF_5 \rightarrow [ONF_2]^+[AsF_6]^-$$

$$F_2N{-}NF_2 + AsF_5 \rightarrow [N_2F_3]^+[AsF_6]^-$$

$$FN{=}NF + AsF_5 \rightarrow [N_2F]^+[AsF_6]^-$$

$$NF_3 + F_2 + SbF_5 \rightarrow [NF_4]^+[SbF_6]^-$$

Durch diese Reaktionen sind die Fluoridionenakzeptoren als starke Lewis-Säuren ausgewiesen. Dieses Verhalten beruht auf einem Elektronenmangel am Zentralatom, an dem *p*- oder *d*-Orbitale der Valenzschale unbesetzt sind und an dem außerdem wegen des induktiven Effektes der F-Atome eine große positive Partialladung vorhanden ist.

Sind keine Lewis-Basen vorhanden, so wird bei einigen dieser Säuren der Elektronenmangel durch Errichtung intra- und intermolekularer koordinativer Bindungen zwischen dem Zentralatom und den Fluoratomen behoben.

Intramolekulare koordinative π-Bindungen liegen im BF_3, SiF_4 und PF_3 vor. Im Falle des flüssigen SbF_5 tritt dagegen eine intermolekulare Koordination auf, die der im $(BeF_2)_n$ entspricht und für die brückenbildende Fluoratome charakteristisch sind. Während SbF_5-Moleküle in der Gasphase die Geometrie einer trigonalen Bipyramide besitzen, läßt sich in der flüssigen Phase unterhalb 15 °C (Fp 7 °C) eine cis-Verknüpfung von SbF_6-Oktaedern nachweisen, die durch Ketten- oder ringförmige Polymere entstehen:

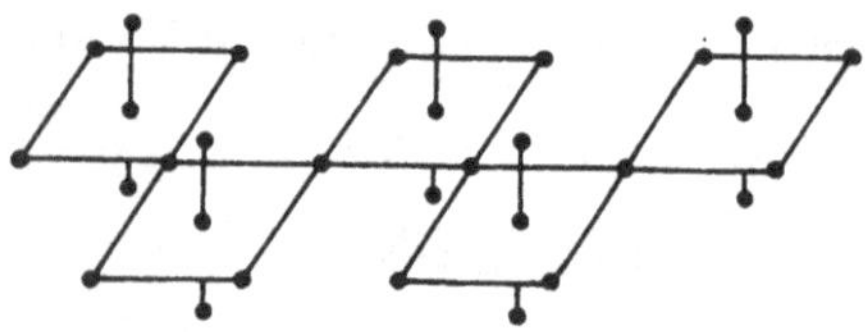

Abb. 5. cis-Verknüpfung von SbF_6-Oktaedern

Im kristallinen Zustand ist SbF_5 tetramer. Das $(SbF_5)_4$ enthält schwach verzerrte, cis-verknüpfte SbF_6-Oktaeder.

Wegen der starken Neigung zur Bildung von Fluorokomplexen, die oft schon durch Zusammengeben der wäßrigen Lösungen der einfachen Fluoride oder beim Auflösen der Oxide oder Hydroxide in Flußsäure entstehen, werden Fluoride bei der galvanischen Abscheidung von Metallen sowie bei der anodischen Passivierung von Leichtmetallen verwendet. Miteinander und mit Silicaten, Phosphaten oder Boraten verschmolzen bilden Fluoride leicht Glasflüsse. Technische Gläser, die durch Fe^{3+}-Ionen grünbraun gefärbt sind, werden durch Zugabe von Alkali- bzw. Erdalkalifluoriden zur Glasschmelze entfärbt, wobei eine Maskierung der Eisenionen unter Bildung von farblosen $(FeF_6)^{3-}$-Komplexionen erfolgt. Großtechnische Bedeutung besitzt Kryolith, Na_3AlF_6, für die Aluminiumdarstellung.

14. Kryolith

Natriumhexafluoroaluminat, Na_3AlF_6, Kryolith oder auch Eisstein genannt, kommt bzw. kam an einigen Stellen der Erde angereichert und zum Teil, wie in den einst bedeutungsvollen Lagerstätten auf Grönland, mit einer Reinheit von 98% vor. Diese Lagerstätten sind nahezu vollständig abgebaut.

Die meisten anderen Vorkommen sind mit Einsprengungen von Fremdstoffen, wie Quarz, Eisen- und Bleimineralien verunreinigt und das daraus abgebaute Material muß für die technische Verwendung, in erster Linie zur elektrolytischen Aluminiumgewinnung, aufbereitet werden.

Heute wird Kryolith im großen Maßstab praktisch nur noch synthetisch hergestellt. Dazu dienen Verfahren, deren Auswahl sich im wesentlichen nach der Qualität der als Rohstoff zur Verfügung stehenden Flußsäure (Si-arme Flußsäure oder Dünnsäure aus der Produktion von wasserfr. HF oder Zwangsanfall von HF aus der Düngemittelproduktion) richtet. Hierbei löst man prinzipiell Tonerde und Soda in Flußsäure auf:

$$Al_2O_3 + 12\,HF \rightarrow 2\{H_3AlF_6\} + 3\,H_2O$$

$$2\{H_3AlF_6\} + 3\,Na_2CO_3 \rightarrow 2\,Na_3AlF_6 + 3\,H_2O + 3\,CO_2$$

Seit einigen Jahren werden Aluminiumfluorid und Kryolith zunehmend auf der Basis des Zwangsanfalls aus dem Phosphataufschluß produziert. Dabei wird zunächst aus Hexafluorokieselsäure und Aluminiumhydroxid eine AlF_3-Lösung gewonnen, die anschließend mit einer aus Hexafluorokieselsäure und Soda hergestellten NaF-Lösung umgesetzt wird:

$$3\{H_2SiF_6\} + 2\,Al(OH)_3 \rightarrow 2\,AlF_3 + 3\,SiF_4 + 6\,H_2O$$

$$3\{H_2SiF_6\} + 3\,Na_2CO_3 \rightarrow 6\,NaF + 3\,CO_2 + 3\,SiF_4 + 3\,H_2O$$

$$2\,AlF_3 + 6\,NaF \rightarrow 2\,Na_3AlF_6$$

Kryolith bildet in reinem Zustande weiße Kristalle des monoklinen Systems von würfeligem Habitus. Seine

Dichte beträgt bei Zimmertemperatur 2,95 bis 3,00 g · cm^{-3}. Er ist durch verhältnismäßig leichte Schmelzbarkeit ausgezeichnet (Smp. 1000 °C). Die Löslichkeit in Wasser ist gering (0,034 Masse-% bei 25 °C). Kryolith wird durch Säuren und Laugen zwar langsam, doch vollständig zersetzt.

An erster Stelle steht die Verwendung von Kryolith (bzw. den Ausgangskomponenten AlF_3 und NaF) als wesentlicher Elektrolytbestandteil bei der Aluminiumdarstellung.

Bis vor wenigen Jahren wurden etwa 23 kg Aluminiumfluorid und 23 kg Natriumfluorid zur Produktion von 1 Tonne Aluminium-Metall benötigt. (Bei einer Produktion von 2 Millionen Tonnen allein in den USA im Jahre 1960, bedurfte es somit etwa 107 Millionen kg dieser Fluorchemikalien.)

Die Fluoridionen bewirken bei diesem Prozeß das Auflösen des schwerschmelzbaren Aluminiumoxids unter Bildung eines leitenden Salzgemisches mit einem angehenden Schmelzpunkt. Der Elektrolyt besteht gewöhnlich aus 80—85% Kryolith, 5—7% Flußspat, 5—7% Aluminiumfluorid und 2—8% Bauxit.

In den letzten Jahren wurden große Anstrengungen gemacht, um die Fluorverluste aus der Zelle zu reduzieren, die durch Verdampfen und Zerstäuben während der Zell- und Elektrodenprozesse, durch Pyrohydrolyse an der Atmosphäre sowie durch Reaktion mit den Kohleanoden (CF_4-Bildung) eintreten. Dabei wurden beachtliche Erfolge erzielt, so daß durch Kreislaufführung des Fluors Kryolith zurückgewonnen wird und somit der Fluoridverbrauch pro Tonne Aluminium immer weiter zurückgegangen ist. Moderne, umweltgerechte Aluminiumhütten haben keine schädliche Fluoremission mehr.

15. Natriumfluorid und Kaliumfluorid

Natriumfluorid, NaF, Smp. 992 °C, und Kaliumfluorid, KF, Smp. 857 °C, sind farblose Salze, die entweder durch Neutralisieren der Alkalilaugen mit Flußsäure oder durch

Umsetzung der entsprechenden Alkalihexafluorosilicate mit Alkalilauge und Absorbersäure (Gemisch aus Flußsäure und Hexafluorokieselsäure) hergestellt werden.

Natriumfluorid besitzt mengenmäßig die größere Bedeutung. Es wird ebenso wie Kaliumfluorid verwandt zur Holz- und Leimkonservierung, zur Desinfektion in der Gärungsindustrie, als Flußmittelkomponente bei der Erzeugung von Siemens-Martin-Stahl, beim Löten und Schweißen in der Leichtmetallurgie sowie in Emaillen und keramischen Stoffen. NaF dient in besonderen Fällen in Mischung mit Ködern oder für sich als Insektizid. KF wird zum Austausch von anderen Halogenen gegen Fluor in organischen Verbindungen sowie als Ausgangsstoff für die Herstellung von Kaliummetall verwendet.

16. Natrium-, Kalium- und Ammoniumhydrogenfluorid

Diese Hydrogenfluoride werden durch Umsetzung von Alkalilauge, Alkalihydroxid oder Alkalicarbonat mit Flußsäure im entsprechenden Verhältnis bzw. durch Einleiten von Ammoniak in Flußsäure hergestellt. Es sind farblose Salze.

Natriumhydrogenfluorid, $NaHF_2$, gibt gemäß $NaHF_2 \rightleftharpoons NaF + HF$ seinen Fluorwasserstoff leichter als KHF_2 ab, bereits bei 200 °C wird der Zerfall deutlich und der HF-Dissoziationsdruck erreicht bei etwa 300 bis 400 °C 1 bar. $NaHF_2$ ist ebenso wie NaF ziemlich giftig.

Auf der Haut erzeugt es bei längerer Einwirkung Schädigungen ähnlich denen, die bei Berührung mit konz. Flußsäure auftreten. Als schwach saures Salz wird $NaHF_2$ in der Wäscherei im gewissen Umfange als Neutralisationsmittel für Alkalien angewandt, außerdem als Bleichmittel, da es der Gelbfärbung durch Eisenoxid entgegenwirkt.

Kaliumhydrogenfluorid, KHF_2, Smp. 239 °C, hat die technisch wichtigere Bedeutung. Beim Erhitzen auf 400 bis 500 °C spaltet KHF_2 Fluorwasserstoff ab. Verwendet wird KHF_2 als Flußmittel für das Löten insbesondere von

Silber, zum Imprägnieren von Hölzern zwecks Konservierung, weiter zum Mattätzen von Glas, zur Desinfektion in der Gärungsindustrie und zum Entfernen von Rost aus Textilien. Es stellt den Hauptbestandteil von Schmelzelektrolyten für die Gewinnung von Fluor dar.

Ammoniumhydrogenfluorid, NH_4HF_2, Smp. 125 °C, wird in der Gärungsindustrie als spezifisches Desinfiziens und zur Holzkonservierung angewandt. Die Hauptverwendung beruht auf der Mattätzung von Glas. Hierzu wird es im Gemisch mit Flußsäure, Natrium- und Bariumsulfat eingesetzt. Weiterhin ist es Bestandteil von Mitteln zur Reinigung der Fassaden von Bauwerken sowie von Lösungen zum chemischen und elektrolytischen Polieren von Metallen.

17. Calciumfluorid

Calciumfluorid, CaF_2, ist als Flußspat, Fluorit, das wichtigste natürlich vorkommende fluorhaltige Mineral. Es bildet große reguläre Kristalle, die je nach Beimengungen rosa, gelb, grün, blau oder violett gefärbt sein können und oft schwache Fluoreszenz zeigen. Fluorit besitzt eine gute Durchlässigkeit für ultraviolette und ultrarote Strahlung. Im Gegensatz zum zerfließlichen Calciumchlorid ist das Calciumfluorid in Wasser sehr schwer löslich (16 mg in 100g Wasser bei 18°C), die Fällung als CaF_2 dient deshalb auch zur quantitativen Fluorbestimmung. CaF_2 schmilzt unzersetzt bei 1403 °C.

Der im Bergwerk abgebaute Flußspat wird nach seiner Zerkleinerung von Silicaten und anderen Mineralen durch Dichte-Trennverfahren oder durch Schaumflotation getrennt.

Hauptsächlich wird Flußspat in der metallurgischen und chemischen Industrie angewandt. Die Stahlindustrie, die vor 20 Jahren noch etwa 60 bis 70% der gesamten Förderung aufnahm, benutzt ihn als Flußmittel, falls er mindestens 85%, in Ausnahmefällen herab bis zu 60% CaF_2 enthält. Einen höheren CaF_2-Gehalt, 90 bis 96%, dazu im wesentlichen frei von färbenden Bestandteilen, vor allem aber von Pb, Sn und S, verlangen die Keramik-, Glas- und Emailleindustrie, die Flußspat als Trübungs- und Flußmittel verwenden. Bei der Herstellung von Kalkstickstoff wird dem Carbid Flußspat zur Beschleunigung der Azotierungsgeschwindigkeit bzw. Erniedrigung der Arbeitstemperatur zugesetzt. Die Qualitäten mit weniger als 80% CaF_2 finden Absatz in der Zementindustrie, wo Flußspat als Mineralisator wirkt und die Temperatur und Zeit des Klinkerbrandes herabsetzt. Der Verbrauch dafür beträgt etwa 10% der Gesamtförderung.

In der chemischen Industrie zur Verarbeitung auf Fluorwasserstoff wird (s. Abschn. 10.2.) vor allem der Säurespat mit höchstens 3% SiO_2 und möglichst wenig Carbonat eingesetzt. In den chemischen Sektor gehen mehr als 30% der Gesamtförderung.

Kleinere Mengen von Flußspat werden in Flußmitteln zum Löten verwendet. Aus fehlerfreien klaren Fluoritkristallen werden optische Linsen für sehr feine mikroskopische Objekte (Apochromate) sowie Prismen geschliffen, die bis in den UV-Bereich hinein transparent sind. Zur Erzeugung reflexionsmindernder Schichten auf optischen Gläsern wird CaF_2 oder MgF_2 auf diese aufgedampft. Solche Schichten werden auch auf den Sonnenzellen von Raumflugkörpern aufgebracht. Calciumfluorid hat eine besonders hohe Bildungswärme und ist daher, selbst bei hohen Temperaturen, sehr beständig gegenüber reduzierenden Stoffen, vor allem auch gegenüber geschmolzenen Metallen. Es ist einer der wenigen Stoffe, die von geschmolzenem Uran nicht angegriffen werden. Man macht hiervon Gebrauch für die Herstellung von Tiegeln und Formen aus gesintertem Calciumfluorid („Sinterfluorit“) zur Fabrikation von kompaktem Uranmetall für Kernreaktionen.

18. Hexafluorosilicate

Ökologische Erfordernisse zwingen zur Ausschaltung der Fluoremission in Form von HF und SiF_4 in den Abgasen des Phosphataufschlusses. Nur ein Teil davon kann zur Herstellung von synthetischem Kryolith (s. Abschn. 14.) verwertet werden. Der größere Anteil wird mittels Natronlauge oder Magnesiumchlorid- bzw. -Hydroxidlösung unter Bildung von Hexafluorosilicaten absorbiert. Diese müssen im wesentlichen noch auf die Deponie gebracht werden, denn nur für einen Teil dieser Abfallprodukte des „Zwangsfluors" ist in Form von Na_2SiF_6 als Bautenschutzmittel und als Zuschlag zum Zement für die Bereitung von wasserundurchlässigem Beton ein Absatz vorhanden. Im begrenzten Umfange lassen sich Alkali- und Erdalkalifluorosilicate bei erhöhter Temperatur mit Chlorkohlenstoffen zu Freonen umsetzen, wobei allerdings SiF_4 als Nebenprodukt entsteht. Auch ist eine Umarbeitung in CaF_2 möglich.

Na_2SiF_6 dient als „Fluoidsalz" zum Isolieren von Wasserflecken auf verputzten Wänden bei malermäßigen Instandsetzungen, $MgSiF_6$ und $ZnSiF_6$ können weiterhin als Holzschutzmittel eingesetzt werden.

19. Weitere Einsatzgebiete anorganischer Fluoride

19.1. Fluorhaltige Gläser

Eine Analogie zwischen den Fluoriden und Oxiden besteht in der Tendenz, Gläser zu bilden. So läßt sich Berylliumfluorid mit Alkalimetallfluoriden zu Gläsern kombinieren, deren Erweichungspunkt sehr niedrig ist. Diese fluorhaltigen Gläser kann man normalerweise nicht mit Silicatgläsern verschmelzen. Diese Unverträglichkeit hat man sich bei der Herstellung von Glaswaren zunutze gemacht, indem der Zusatz von Alkali- bzw. Erdalkalifluoriden oder -Hexafluorosilicaten bei Silicatgläsern wegen der Dispersion der Fluoride zur Undurchsichtigkeit führt.

19.2. Salzschmelzen in der Kerntechnik

Eine besondere Bedeutung haben wasserfreie Salzschmelzen in der Kerntechnik erlangt. So finden geschmolzene Fluoride bei der Aufarbeitung von Kernbrennstoffen Verwendung. Zum anderen werden sie für die Einschmelzung von radioaktiven Abfällen, insbesondere aber als Lösungsmittel für Uran- und Plutoniumsalze in Salzschmelzreaktoren angewandt.

Besonders hinsichtlich der Sicherheit hat der Einsatz geschmolzener Fluoride eine Reihe von Vorteilen gegenüber dem klassischen Reaktor mit festem Kernbrennstoff. Außerdem kann man aus dem flüssigen Brennstoff kontinuierlich neutronenabsorbierende Spaltprodukte entfernen. Folgende Anforderungen sind an die Salze zu stellen, die in solchen Reaktoren benutzt werden:

- chemische: hohe Temperaturbeständigkeit, hohe Strahlungsbeständigkeit, gutes Lösungsvermögen für Verbindungen der spaltbaren Elemente (U, Pu, Np, Th),
- physikalische: mäßig hoher Schmelzpunkt, niedriger Dampfdruck, hohe Wärmeleitfähigkeit und Wärmekapazität,
- kerntechnische: schwache Neutronenabsorption, schwache Moderatorwirkung.

Fluoride erfüllen alle diese Voraussetzungen. Man verwendet Berylliumfluorid wegen seines niedrigen Schmelzpunktes und Lithiumfluorid wegen seiner geringen Viskosität. In dieser Mischung kann man Thorium(IV)- und Uran(IV)-fluorid auflösen.

19.3. Salzschmelzen in elektrochemischen Elementen

Das Fluorid-Ion, als das kleinste Anion nach dem Hydrid-Ion, zeichnet sich durch eine hohe Beweglichkeit aus. Es werden deshalb elektrochemische Elemente konstruiert, deren Elektrolyte niedrig schmelzende eutektische Mischungen von Fluoriden sind. Als negative Elektroden können dabei unedle Metalle, wie Magnesium oder Aluminium, als positive Elektroden Fluoride von Metallen in hohen Oxydationsstufen eingesetzt werden. Das Aggregat wird fast bis zum Schmelzpunkt des Eutektikums erhitzt. Dann entlädt sich die Zelle in wenigen Minuten auf Grund der großen Beweglichkeit der Fluoridionen in der Salzschmelze. Diese Zelle kann während sehr kurzer Zeit hohe Leistungen abgeben, deshalb war geplant, sie zur Zündung der oberen Stufen mehrstufiger Raketen einzusetzen. Fluoridschmelzen dienen auch als Reaktionsmedium von verschiedenen Typen von Brennstoffelementen.

19.4. Salzschmelzen für Halogenaustauschreaktionen

In den letzten Jahren wurden eine Reihe von Halogen- und Pseudohalogenaustauschreaktionen zwischen anorganischen Chloriden und Systemen von Salzschmelzen untersucht. Die Fluorierung anorganischer Chloride durch Kontakt mit fluoridhaltigen Schmelzen verlief hierbei besonders erfolgreich. Dieser Reaktionstyp des Chlor-Fluor-Austausches ist deshalb auf die Fluorierung chlorhaltiger organischer Verbindungen (s. Abschn. 26.3.4.4.) ausgedehnt worden und hat bei der Darstellung wichtiger organischer Fluorverbindungen eine große Bedeutung erlangt:

z. B. $CCl_4 + MF \rightleftharpoons CCl_3F + MCl$ (M = Alkalimetall)

$$C_6F_3Cl_3 + 3\,KF \rightleftharpoons C_6F_6 + 3\,KCl$$

$$C_5NF_3Cl_2 + 2\,KF \rightleftharpoons C_5NF_5 + 2\,KCl$$

Die Triebkraft für eine Umsetzung

$$R{-}Cl + MF \rightleftharpoons R{-}F + MCl$$

hängt teilweise vom Unterschied der freien Energien MF und MCl ab, der ungefähr gleich dem Unterschied der

Gitterenergien ist, und natürlich auch vom Unterschied der C—F- und C—Cl-Bindungsenergien. Da die Gitterenergien umgekehrt proportional den Ionen-Ionen-Abständen sind, ist die Zunahme der freien Energie bei der Bildung von *M*Cl aus *M*F proportional der Differenz der reziproken Summen der Ionenradien von *M*F zu *M*Cl im Falle gleicher Gitterstruktur. Je größer daher das Kation *M* ist, desto günstiger tendiert die freie Energie dazu, die Triebkraft der Reaktion zu sein. An isomorphen Verbindungen steigt die Fähigkeit, Fluor auszutauschen, mit zunehmendem Metallionenradius.

19.5. Energiespeichersubstanzen

In der Energieversorgung bieten sich Fluoride zur thermischen Speicherung an. Der Energieverbrauch schwankt ja beträchtlich, nachts ist er geringer als tagsüber, während die Energieerzeugung gleichmäßig verläuft. Um eine Anpassung zu erreichen, sind verschiedene Verfahren in Gebrauch: elektrochemische (Akkumulatoren, Wasserstofferzeugung durch Elektrolyse von Wasser), hydraulische (Wasser wird in höher gelegene Reservoire gepumpt) und mechanische (Beschleunigung von Rotoren großer Trägheit).

Eine Alternative ist die vorgeschlagene Verwendung von Fluoriden. Eutektische Gemische von Alkali- und Erdalkalimetallfluoriden, die extrem hohe Wärmekapazitäten und Schmelzwärmen haben, werden in den Stunden geringen Energieverbrauchs aufgeheizt und geben bei Bedarf die Wärme wieder ab. Die Speicherkapazität pro Volumen- sowie Masseeinheit ist theoretisch größer als die der konventionellen Systeme; die benötigten Stoffe sind billig und reichlich vorhanden.

20. Metallfluoride höchster Wertigkeitsstufen

Fluor zeichnet sich durch seine Fähigkeit aus, hohe Oxydationszustände zu stabilisieren. Ausschlaggebend ist hierbei die große Elektronegativität des Fluors. Bekanntlich begünstigen schwach elektronegative Anionen niedrige Oxydationsstufen der Kationen, stark elektronegative Anionen hingegen hohe. So reagiert Eisen mit Jod zu FeJ_2, mit Fluor aber zu FeF_3. Da Fluor die größte Elektronegativität aufweist, sollten für die Fluoride die höchsten Oxydationsstufen erwartet werden. Diese Hypothese ist nur bedingt richtig. So erreichen Kupfer, Silber und Gold in ihren Oxiden nur die Oxydationszahl $+3$, während man bei den Fluoriden für Kupfer und Silber $+4$, für Gold $+5$ gefunden hat. Oft trifft aber auch das Gegenteil zu, wie bei Mangan, Eisen, Ruthenium und Osmium (s. Tab. 3).

Diese Widersprüchlichkeit ist schwierig zu erklären. Man mag an drei entgegengesetzte Faktoren denken, die dieses Phänomen bestimmen:

- die außerordentliche Reaktivität und Elektronegativität des Fluors begünstigen die Ausbildung hoher Oxydationsstufen beim Verbindungspartner
- Der Ionencharakter der Metall-Fluor-Bindung bewirkt eine Lokalisierung der Elektronen am Fluor und dadurch eine hohe formale Ladung des Kations. Bei gleicher Oxydationszahl ist in den Oxiden diese Ladung schwächer, weil die Elektronen hier in Bindungen mit zum Teil kovalentem oder metallischem Charakter stärker delokalisiert sind. Die Delokalisierung verringert die Abstoßung zwischen den Kationen, die für hohe Oxydationsstufen beträchtlich wird, und erhöht so die Gitterenergie.
- aus sterischen Gründen ist anzunehmen, daß bei gegebenem Kation dessen Umgebung mit vier oder sechs Liganden begünstigt wird. Trotz annähernd gleicher Größe unterscheiden sich das F^-- und O^{2-}-Ion gemäß der Ionenladung, so daß bei bestimmten Nebengruppenelementen die maximalen Oxydationsstufen nur bei den Oxiden erreicht werden, z. B. bei OsO_4.

Obwohl man lange Zeit der Meinung war, daß Metalle gegenüber Fluor als höchste Wertigkeitsstufe $+6$ einnehmen, konnte auch Rheniumheptafluorid durch Fluorierung von ReF_6 bei 400 °C dargestellt werden:

$$ReF_6 + 1/2\,F_2 \xrightarrow[\text{Druck}]{400\,°\text{C}} ReF_7$$

Neben AgF_2 und CoF_3, die für die Fluorierung organischer Verbindungen eine beachtliche Rolle spielen (s. Abschn. 26.3.3.), sind die wichtigsten und vielleicht auch interessantesten Metallfluoride hoher bzw. höchster Wertigkeitsstufen die Hexafluoride. Wegen ihrer technischen Bedeutung und repräsentativen chemischen Eigenschaf-

Tabelle 3
Höchste Oxydationsstufen von Übergangsmetallen in Oxiden und Fluoriden

Element	Maximale Oxydationszahl		Beispiel
3d	O	F	
Ti	+4	+4	TiO_2, TiF_4
V	+5	+5	V_2O_5, VF_5
Cr	+6	+6	CrO_3, CrF_6
Mn	+7	+4	$[MnO_4]^-$, $[MnF_6]^{2-}$
Fe	+6	+3	$[FeO_4]^{2-}$, $[FeF_6]^{3-}$
Co	+4	+4	$[CoO_4]^{4-}$, $[CoO_6]^{8-}$, $[CoF_6]^{2-}$
Ni	+4	+4	$[NiO_6]^{8-}$, $[NiF_6]^{2-}$
Cu	+3	+4	$[CuO_6]^{9-}$, $[CuF_6]^{2-}$
4d			
Nb	+5	+5	Nb_2O_5, NbF_5
Mo	+6	+6	MoO_3, MoF_6
Tc	+7		Tc_2O_7
Ru	+8	+6	RuO_4, RuF_6
Rh	+4	+6	RhO_2, RhF_6
Pd	+4	+4	$[PdO_6]^{8-}$, PdF_4
Ag	+3	+4	$[AgO_6]^{9-}$, $[AgF_6]^{2-}$
5d			
Ta	+5	+5	Ta_2O_5, TaF_5
W	+6	+6	WO_3, WF_6
Re	+7	+7	Re_2O_7, ReF_7
Os	+8	+6	OsO_4, OsF_6
Ir	+4	+6	IrO_2, IrF_6
Pt	+4	+6	PtO_2, PtF_6
Au	+3	+5	$[AuO_4]^{5-}$, $[AuF_6]^-$, AuF_5

ten sei an dieser Stelle auf PtF_6, UF_6, NpF_6, PuF_6, MoF_6 und WF_6 eingegangen.

Die Abtrennung, Isotopentrennung und Reindarstellung der betreffenden Metalle erfolgt über die flüchtigen Hexafluoride. So wird z. B. Wolfram in reinster Form durch Abscheidung aus der Gasphase gewonnen, in dem WF_6 direkt mit Wasserstoff im Reaktor zum Metall und Fluorwasserstoff verbrannt wird.

(Analog werden auch Rhenium und Tantal durch Reduktion von ReF_7 bzw. TaF_5 mit Wasserstoff dargestellt.)

Tab. 4 zeigt die physikalischen Eigenschaften dieser Metallhexafluoride.

Tabelle 4
Physikalische Eigenschaften von Metallhexafluoriden

	PtF_6	UF_6	NpF_6	PuF_6	MoF_6	WF_6
Schmelzpunkt in °C	61,3	64,0	53,0	50,8	17,4	2,3
Siedepunkt in °C	69,1	56,8	55,2	62,2	34,5	17,0
ΔH^0 in $kJ \cdot mol^{-1}$		−2191	−1940	−1642	−1626	−1768
Farbe	dunkelrot	farblos	orange	rotbraun	farblos	farblos

Alle diese Hexafluoride haben oktaedrische Struktur. Ihre magnetischen und spektroskopischen Eigenschaften wurden eingehend untersucht. Die Flüchtigkeit der Verbindungen nimmt mit steigender Massezahl des Metalls ab. Die Beständigkeit der Hexafluoride nimmt in der Reihenfolge W > Mo > U > Pt > Np > Pu ab. Bei der Zersetzung tritt Dissoziation in Fluor und niedere Fluoride ein. Während WF_6 und MoF_6 die normalen Produkte bei der Fluorierung mit elementarem Fluor sind, und WF_6 thermisch stabil bis etwa 1100 °C ist, treten PtF_6, NpF_6 und PuF_6 nur als primäre Fluorierungsprodukte auf und müssen wegen ihrer thermischen Unbeständigkeit aus der Gasphase sofort durch Kondensation (mittels flüssigem Stickstoff) abgefangen werden. Platindraht, der im Fluor durch elektrischen Strom zum

Glühen gebracht wird, reagiert exotherm unter Bildung von PtF_6-Dampf.

Alle Hexafluoride sind reaktive und korrodierende Substanzen. Sie müssen daher normalerweise in Nickel-, Monel- und Teflonapparaturen gehandhabt werden, obwohl bei Feuchtigkeitsausschluß auch Quarz, im Falle von WF_6 und MoF_6 sogar Glas verwendet werden kann. Nur PtF_6 reagiert (selbst unter sorgfältigster anaerober Arbeitstechnik) mit Glas bei Zimmertemperatur.

Alle diese Hexafluoride hydrolysieren leicht, wobei die Hydrolysegeschwindigkeit proportional der Größe des Zentralatoms ansteigt. Mit zunehmender Größe des Zentralatoms wird der Umhüllungseffekt durch die gebundenen Fluoratome reduziert. So hydrolysiert z. B. UF_6 sehr leicht, während SF_6 durch die dicht gepackten Fluoratome unter Normalbedingungen nicht hydrolysiert.

Das recht unbeständige PtF_6 ist eines der stärksten bekannten Oxydationsmittel, seine Umsetzungen mit Sauerstoff und Xenon führen zu $O_2^+PtF_6^-$ und $Xe[PtF_6]_n$. Aber auch MoF_6 ist bereits so reaktiv, daß es sofort mit organischen Materialien, z. B. C—H-haltigem Hahnfett, reagiert.

Tabelle 5
Oxydative Fluorierung mit elementarem Fluor

Fluorid	Temperatur in °C	Ausbeute in %
MoF_6, WF_6	25–250	>90
PtF_6	Widerstandsheizung	71
UF_6	275	>90
NpF_6	560	91
PuF_6	750	90

Die wichtigste Synthese der Hexafluoride ist die Fluorierung der Metalle mit elementarem Fluor gemäß $M + 3F_2 \rightarrow MF_6$ (siehe Tab. 5). Auch die Halogenfluoride ClF_3, BrF_3 und BrF_5 lassen sich als Fluorierungsmittel verwenden. (Zur labormäßigen Darstellung von WF_6 und MoF_6 ist außerdem der Umsatz der Trioxide mit SF_4 oder BrF_3 oder HF möglich. WCl_6 und $MoCl_5$ werden durch HF in die Hexafluoride überführt, außerdem entsteht WF_6 beim Umsatz von WCl_6 mit SbF_5.)

Wird eine sehr hohe Temperatur zur Fluorierung von Metallen benötigt, ist eine Technik ausgearbeitet worden, wonach das betreffende Metall als Draht zentrisch in einem Quarz- oder Metallreaktionsrohr angebracht ist, die Rohrenden sind verschlossen. Der Reaktor wird evakuiert, getrocknet und dann mit Fluor gefüllt. Die Reaktion wird durch einen starken Stromstoß durch den Metalldraht gezündet, wobei die Widerstandsheizung die bis zum vollständigen Reaktionsablauf notwendige Aktivierung liefert. Diese Technik wurde erstmals zur Synthese von PtF_6 angewandt.

In den letzten Jahren wurden Methoden zur Trennung von Uran-Plutonium-Spaltprodukten mittels Halogenfluoriden zwecks Aufarbeitung des Atommülls entwickelt. So reagiert ClF_3 bei 30 °C sehr langsam mit Uranmetall, dagegen beschleunigt HF die Reaktion bei einem molaren ClF_3/HF-Verhältnis von 0,3, wobei die Reaktionstemperatur auf 90 °C ansteigt.

$$U_{(s)} + 3ClF_{3(l)} \rightleftharpoons UF_{6(l)} + 3ClF_{(g)}$$

Das ClF wird bei 250 °C mit F_2 zu ClF_3 regeneriert. Plutonium bildet unter diesen Bedingungen PuF_4, das nicht flüchtig ist. Auch die meisten Spaltprodukte bilden nichtflüchtige Fluoride, außer Te, J, Mo. UF_6 kann mittels Destillation von ClF_3 und den anderen Komponenten getrennt werden. Auch eine Trennung über Komplexbildung mit z. B. NaF bei 70 bar ist möglich:

$$UF_6 + 3NaF \underset{300\,°C}{\overset{70\text{ bar}}{\rightleftharpoons}} Na_3UF_9$$

Der Komplex läßt sich bei ~300 °C wieder thermisch zerlegen.

21. Halogenfluoride

Die Halogene vermögen im allgemeinen um so atomreichere Verbindungen miteinander zu bilden, je weiter sie im Periodensystem voneinander entfernt sind. Die ersten Interhalogene, Jodmonochlorid und Jodtrichlorid, wurden bereits 1814 von H. Davy und J. Gay-Lussac entdeckt. Alle bisher bekannten Halogenfluoride, mit Ausnahme von JF, JF_3 und ClF_5 wurden vor 1940 erstmals von O. Ruff u. Mitarb. dargestellt.

Innerhalb der Klasse der Interhalogenverbindungen sind allein die Halogenfluoride von präparativem, technischem und strategischem Interesse, dagegen sind die übrigen Interhalogene, JCl, JBr, JCl_3 und BrCl unbedeutend.

Die Halogenfluoride sind wie alle Interhalogene weitgehend kovalente Verbindungen. Sie entstehen durch direkte Synthese, wobei es von den jeweiligen Reaktionsbedingungen abhängt, welcher Verbindungstyp, Mono- Tri-, Penta- oder Heptafluorid, entsteht. Die Stabilität eines Halogenfluorids hängt von dem Halogen ab, das mit Fluor zur Reaktion gebracht wird, aber auch gleichzeitig von der Stabilität der anderen Fluoride des betreffenden Halogens. Die Stabilität eines Halogenfluorids nimmt dabei einerseits mit steigendem Negativitätsunterschied der Partner zu (ionische Bindungsbeiträge), andererseits trifft dies nicht exakt für die Mono- und Trifluoride zu. Ist nämlich der Unterschied der Atomradien relativ groß, steigt die Tendenz zur Disproportionierung.

So sind JF, BrF und JF_3 nur bei Temperaturen unter $-30\,°C$ beständig, oberhalb dieser Temperatur liegen sie in Halogen und JF_5 bzw. BrF_3 disproportioniert vor.

Unter Berücksichtigung der thermodynamischen und kinetischen Stabilitäten ergeben sich folgende Stabilitätsreihen:

$$AF: ClF > BrF > JF$$

$$AF_3: BrF_3 > ClF_3 > JF_3$$

$$AF_5: JF_5 > BrF_5 > ClF_5$$

Bei den Verbindungen des Typs *A*F sind die Bindungen der beiden Halogenatome mit der Beteiligung je eines *p*-Elektrons beider Bindungspartner — ähnlich der in den Halogenmolekülen — zu erklären. Bei allen anderen Halogenfluoriden sind *d*-Orbitale vom Zentralatom *A* an den Bindungen beteiligt.

Entsprechend den beobachteten Molekülstrukturen führt im Falle der Verbindungen AF_3 der Übergang eines Elektrons in ein *d*-Orbital zu einer sp^3d-Hybridisation. Die Orbitale sind dadurch auf die Ecken einer trigonalen Bipyramide gerichtet. Zwei dieser Hybridorbitale werden für zwei freie Elektronenpaare, die anderen drei zur Bindungsbildung gebraucht (Abb. 6a).

Entsprechend der oktaedrischen Struktur der Halogenfluoride AF_5 liegt durch Übergang zweier Elektronen in *d*-Orbitale eine sp^3d^2-Hybridisation bei *A* vor (Bild 6b).

Die Struktur des JF_7 läßt sich mit einer sp^3d^3-Hybridisation erklären. Diese Hybridisierung führt zu Bindungen, die auf die Ecken einer pentagonalen Bipyramide gerichtet sind, wobei die Bindungen senkrecht zur äquatorialen Ebene sich von denen in dieser Ebene unterscheiden (Abb. 6c).

Mit den kovalenten, lokalisierten Bindungen werden die Strukturen der Halogenfluoridmoleküle AF, AF_3, AF_5 und AF_7 befriedigend erklärt.

Im flüssigen Zustand haben die Halogenfluoride je nach Art der Verbindung eine sehr geringe bis mäßige Leitfähig-

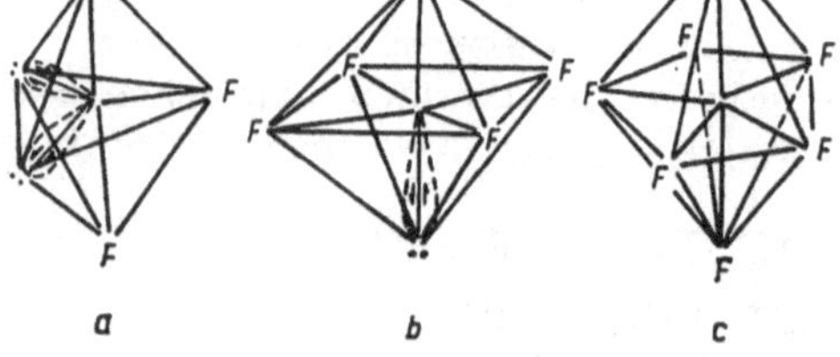

Abb. 6. Strukturen von Halogenfluoriden der Typen AF_3, AF_5 und AF_7

keit, die — falls keine Spurenverunreinigungen vorliegen — dann auf eine Eigendissoziation zurückzuführen ist:

$$2AF_n \rightleftharpoons [AF_{n-1}]^+ [AF_{n+1}]^-$$

Diese Eigendissoziation wird um so stärker sein, je größer die Elektronegativitätsdifferenz zwischen Zentralatom und Ligand ist und je koordinativ begünstigtere Ionen dabei gebildet werden.

Berücksichtigt man die meistens vorhandene Assoziation in der flüssigen Phase, so bedingt die Dissoziation nur eine geringe Verschiebung der brückenbildenden Fluoratome:

z. B.

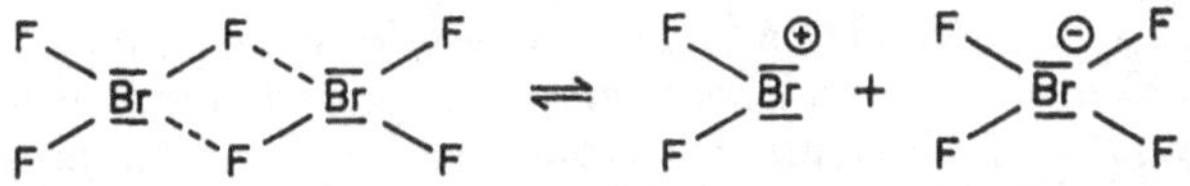

In allen Fällen ist die Leitfähigkeit jedoch viel kleiner als in Salzschmelzen, so daß die Halogenfluoride als Molekülverbindungen anzusehen sind. Entsprechend der Eigendissoziation bilden die Halogenfluoride (AF_n) mit Fluoriden als Lewis-Säuren (XF_n) Verbindungen der Typen $[AF_{n-1}]^+ [XF_{n+1}]^-$, und mit Fluoriden als Lewis-Basen (MF) Verbindungen der Typen $M^+[AF_{n+1}]^-$.

An ausgewählten Beispielen sind die entsprechenden Synthesen aufgezeigt:

$$BrF_3 + SbF_5 \rightleftharpoons [BrF_2]^+ [SbF_6]^-$$

$$2ClF + AsF_5 \rightleftharpoons [Cl_2F]^+ [AsF_6]^-$$

$$JF_5 + BF_3 \rightleftharpoons [JF_4]^+ [BF_4]^-$$

$$JF_7 + AsF_5 \rightleftharpoons [JF_6]^+ [AsF_6]^-$$

$$CsF + ClF \rightleftharpoons Cs^+[ClF_2]^-$$

$$NaF + BrF_3 \rightleftharpoons Na^+[BrF_4]^-$$

$$KF + BrF_5 \rightleftharpoons K^+[BrF_6]^-$$

$$NOF + JF_7 \rightleftharpoons NO^+[JF_8]^-$$

Da derartige Komplexsalze sich relativ leicht wieder in die Ausgangskomponenten zersetzen, stellen sie den Ausgangs-Halogenfluoriden vergleichbare, aber doch bequemer handhabbare, sehr starke Fluorierungsmittel dar.

Die flüssigen Halogenfluoride JF_5, BrF_5, BrF_3 und ClF_3, sind ausgezeichnete und oft verwendete ionisierende Lösungsmittel und Reaktionsmedien. In der Gasphase liegen die Halogenfluoride (mit Ausnahme der instabilen Verbindungen JF, JF_3 und BrF) nur noch als einfache Moleküle vor.

Die Halogenfluoride sind sehr reaktive Substanzen. Sie sind ausgezeichnete Oxydations- und Fluorierungsmittel. Ihre reaktivsten Vertreter reichen an die Reaktivität des elementaren Fluors heran. Übertroffen wird die Aggressivität des Fluors durch Chlormonofluorid auf Grund dessen Dipolfeldes (Orientierungs- und Adsorptionseffekt), welches den hemmenden Einfluß der gegenüber F_2 höheren Dissoziationsenergie überkompensiert. Noch aggressiver ist Chlortrifluorid, das in sich die reaktionsbeschleunigenden Eigenschaften seiner primären Dissoziationsprodukte ($ClF_3 \rightarrow ClF + F_2$), Chlormonofluorid und Fluor, vereinigt.

Die Reaktivität der Halogenfluoride fällt etwa in der Reihenfolge:

$$ClF_3 > ClF > ClF_5 > BrF_5 > JF_7 > BrF_3 > JF_5 >$$
$$> BrF > JF_3 > JF$$

Im allgemeinen reagieren die Halogenfluoride — mit Ausnahme von Vertretern der Platingruppe — mit fast allen Metallen. Wegen der Bildung von Fluoridschutzschichten sind jedoch u. a. Weichstahl bis etwa 250 °C, Kupfer bis etwa 400 °C und Nickel bis etwa 800 °C selbst gegen die reaktivsten Halogenfluoride genügend widerstandsfähig. Werden aber keine Deckenschichten gebildet, findet heftige Reaktion statt. Dabei werden die betreffenden Metalle in Fluoride hoher und höchster Wertigkeitsstufen überführt.

Von den Nichtmetallen reagieren im allgemeinen nur N_2,

O_2 und die leichteren Edelgase nicht mit den Halogenfluoriden. Erwartungsgemäß sind die Halogenfluoride in erster Linie Fluorierungsmittel. Sie lassen sich leichter als elementares Fluor handhaben, ihre Fluorierungsstärke ist jedoch sehr unterschiedlich und ihre Anwendung zur ausschließlichen Einführung von Fluor ist begrenzt.

Halogenfluoride, wie ClF_3, BrF_3, JF_5 und JF_7 u. a., überführen Metalloxide in Fluoride bzw. Oxidfluoride und Metallhalogenide in Fluoride. In allen Fällen, wo das betreffende Metall in niederen Wertigkeitsstufen vorliegen kann, richtet sich diese dann nach der Oxydationskraft des betreffenden Halogenfluorids.

Quarz ist gegen BrF_3 und ClF_3 unter Normalbedingungen beständig, während JF_7 unter Bildung von JOF_5 zu reagieren beginnt. Bei Ausschluß von Feuchtigkeit bzw. HF ist sogar Rasothermglas bis $+50\,°C$ gegen ClF_3 und BrF_3 resistent. Die Hydrolyse verläuft ebenfalls sehr heftig. Während aber z. B. BrF_3 explosionsartig mit Wasser reagiert, findet nur langsame Reaktion mit ClF_5 statt.

Sehr heftig reagieren die Halogenfluoride auch mit Verbindungen wie NH_3, N_2H_4, CO, SO_2 u. a.

Bei der direkten Reaktion mit organischen Substanzen läßt sich die Reaktivität der Halogenfluoride in grober Näherung größenordnungsmäßig so abschätzen, als wenn die im Interhalogenmolekül enthaltenen Halogenatome für sich reagieren würden. Nur die Jodfluoride JF, JF_3 und unter Umständen JF_5 können direkt mit organischen wasserstoffhaltigen Verbindungen in Reaktion gebracht werden, während die übrigen Halogenfluoride unkontrollierbar und oft explosionsartig reagieren. Mit halogensubstituierten organischen Verbindungen verlaufen die Reaktionen wesentlich gemäßigter.

Der direkte Umsatz erfolgt in den meisten Fällen nach einem radikalischen Mechanismus. Dabei wird in die organische Komponente von den beteiligten Halogenatomen das mit der höchsten Elektronegativität, also Fluor eingeführt. Radikalmechanismen finden vor allem bei Reaktionen in der Gasphase statt. Dagegen erfolgen

Substitutions- und Additionsreaktionen nach einem Ionenmechanismus, wenn die Halogenierung in einem Lösungsmittel mit relativ hoher Dielektrizitätskonstante durchgeführt wird. In einem solchen Lösungsmittel wird die heterolytische Dissoziation des Interhalogens gefördert. Das trifft besonders für die zweiatomigen Interhalogenmoleküle zu, die auf Grund der Negativitätsunterschiede bereits polaren Charakter haben. Aber auch relativ unpolare Molekeln mit geringer Eigendissoziation, wie ClF_3, zeigen elektrophile Substitution, wenn die Reaktion bei gleichzeitiger Anwesenheit eines Katalysators, z. B. CoF_3, durchgeführt wird. Es ist anzunehmen, daß die in diesem Falle erfolgende Chlorierung über einen intermediären Komplex $[ClF_2]^+ [CoF_4]^-$ verläuft.

Natürlich können bei der Flüssig-Phasen-Reaktion, je nach den Eigenschaften des Halogenfluorids, der *DK* des Lösungsmittels, der Art des Katalysators bzw. der Temperatur, infolge homolytischer und heterolytischer Dissoziation des Interhalogenmoleküls, Radikal- und Ionenmechanismen nebeneinander ablaufen.

22. Edelgas-Fluorverbindungen

Aus der zu Anfang des Jahres 1962 gemachten Beobachtung, daß O_2 mit PtF_6 bei Zimmertemperatur $[O_2]^+[PtF_6]^-$ bildet, folgerte N. Bartlett, daß auch eine analoge Reaktion mit Xenon eintreten sollte, da das 1. Ionisationspotential des Sauerstoffmoleküls (12,2 eV) fast identisch mit dem des Xenons (12,1 eV) ist. Er bestätigte diese Voraussage, indem er bei der Reaktion von PtF_6 mit Xe bei Zimmertemperatur eine rote, kristalline Substanz erhielt, der er die Formel $Xe^+PtF_6^-$ zuschrieb. Es zeigte sich zwar später, daß diese Verbindung komplizierter aufgebaut ist und der Formel $Xe[PtF_6]_n$, mit $n = 1-2$, entspricht, doch hat Bartlett damit im Juni 1962 die erste echte Edelgasverbindung erhalten. Etwa zur gleichen Zeit war die Entwicklung der Hochdruck-

Fluorchemie auf Grund der großtechnischen Produktion von Halogenfluoriden und Metallfluoriden in höchsten Wertigkeitsstufen für die Einsatzgebiete Kernchemie und Raketentreibstoffe vorangeschritten.

Deshalb konnte sofort nach BARTLETTS Publikation, vor allem in den Argonne National Laboratories, doch ebenso in Ljubljana, in Münster und Aberdeen, die Darstellung binärer Edelgasfluoride versucht werden.

Noch im August 1962 erhielten CLAASSEN, SELIG und MALM Xenontetrafluorid bei der Druckreaktion von Fluor und Xenon in nahezu quantitativer Ausbeute. Diese Entdeckungen waren der Beginn einer stürmischen Entwicklung der Edelgaschemie.

So wurden fast alle binären Xenonfluoride von mehreren Arbeitskreisen unabhängig voneinander nahezu gleichzeitig dargestellt.

Man konnte im ersten Jahr nach Bartletts Entdeckung von einer „Wissensexplosion" auf dem Gebiet der Edelgaschemie sprechen. Nachstehend sind die zur Zeit bekannten Edelgashalogenide angeführt:

KrF_2	XeF_2	$RnF_{(x)}$
TURNER, PIMENTEL (1963)	HOPPE et al. (1963)	FIELDS, STEIN, ZIRIN (1962)
	XeF_4 CLAASSEN, SELIG, MALM (1962)	
	XeF_6 SLIVNIK et al. (1962)	

22.1. Xenon-Verbindungen

In seinen Verbindungen tritt Xenon in den Oxydationsstufen von +2 bis +8 auf. Die Oxydationsstufe +8 ist nur in dem Oxid XeO_4, den Perxenaten XeO_6^{4-} und dem Oxidfluorid XeO_3F_2 bekannt. Ein Oktafluorid wurde bisher nicht dargestellt. Alle Xenonverbindungen beinhalten stark elektronegative Liganden wie F, O, $-OSO_2F$, $-OTeF_5$, $-OClO_3$. Im wesentlichen leiten sich alle bislang bekannten Verbindungen (d. h. Oxide, Oxidfluoride, Oxysalze und das Dichlorid) von den Fluoriden ab.

22.1.1. *Xenonfluoride*

Die Bildung der Xenonfluoride aus den Elementen erfolgt schrittweise und exotherm:

$$Xe + F_2 \rightleftharpoons XeF_2$$

$$XeF_2 + F_2 \rightleftharpoons XeF_4$$

$$XeF_4 + F_2 \rightleftharpoons XeF_6$$

Die Gleichgewichtskonstanten sind bekannt; demzufolge lassen sich durch Wahl der Parameter Temperatur, Druck und Xe:F_2-Verhältnis das Di- und Hexafluorid in genügender Reinheit darstellen (Abb. 7).

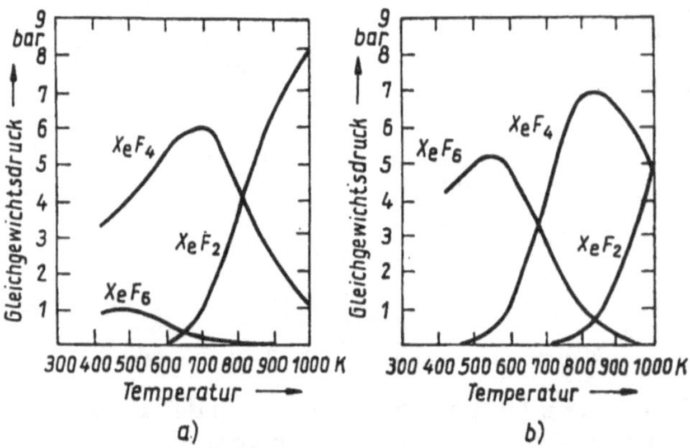

Abb. 7. Gleichgewichtsdrücke der Xenonfluoride als Funktion der Temperatur
a) Ausgangsbedingungen: 125 mmol Xe, 275 mmol F_2 pro 1000 m*l*
b) Ausgangsbedingung 125 mmol Xe, 1225 mmol F_2 pro 1000 m*l*

Die jeweils günstigsten Darstellungsbedingungen sind in Tab. 6 angegeben.

Tabelle 6:
Darstellungsbedingungen für Xenonfluoride

	XeF_2	XeF_4	XeF_6
Temperatur (°C)	400	500	300
Druck (bar)	2	6	50–60
Verhältnis $Xe:F_2$	2:1	1:5	1:20

Jedoch kann XeF_4 allein auf diesem Wege nicht frei von XeF_2 und XeF_6 erhalten werden.

Da aber nur das Hexafluorid mit LEWIS-Basen, wie NaF, Komplexe bildet,

$$XeF_6 + 2\,NaF \underset{>125\,°C}{\overset{<125\,°C}{\rightleftharpoons}} Na_2XeF_8$$

kann XeF_6 über das Oktafluoroxenat und dessen nachfolgende thermische Dissoziation leicht von den niederen Fluoriden abgetrennt werden.

Da weiterhin XeF_4 im Gegensatz zu XeF_2 und XeF_6 keinen AsF_5-Komplex bildet, kann es durch Behandeln des Gemisches mit überschüssigem AsF_5 in BrF_5-Lösung abgetrennt werden:

$$\left.\begin{matrix} XeF_2 \\ XeF_4 \\ XeF_6 \end{matrix}\right\} + AsF_5 \xrightarrow[\text{Vak.}]{0\,°C} \left.\begin{matrix} Xe_2F_3^+AsF_6^- \\ XeF_4 \\ XeF_5^+AsF_6^- \end{matrix}\right\} \xrightarrow[\text{Vak.}]{20\,°C} XeF_4\uparrow$$

Bei 0 °C werden überschüssiges AsF_5 und das Lösungsmittel im Vakuum abdestilliert. Dabei bilden sich die schwerflüchtigen XeF_2- und XeF_6-Komplexe. XeF_4 kann aus dem Gemisch durch Vakuumsublimation bei 20 °C isoliert werden.

Die Untersuchungen am Xenon-Fluor-System schließen andere Verbindungen wie XeF, XeF_3, XeF_5 und

XeF_8 aus. Es zeigte sich auch, daß die „thermische Synthese“ vom Gefäßmaterial abhängig ist und Nickel dabei als Katalysator wirkt.

Die Anregungsenergie für die Xenon-Fluor-Reaktion kann außerdem durch Protonenbeschuß, γ- oder Elektronenstrahlen, UV-Bestrahlung, Einwirkung von Tageslicht oder im Falle von XeF_2 allein durch den Druck zugeführt werden.

Unter Normalbedingungen sind alle drei Xenonfluoride farblose, kristalline Festkörper. Das Hexafluorid ist in flüssigem Zustand gelb und in der Gasphase grüngelb gefärbt.

Es sind thermodynamisch stabile Verbindungen. Bei ihren Bindungen handelt es sich um ganz „normale“ Kovalenzbindungen mit Bindungsenergien E(Xe-F) von etwa 130 kJ · mol^{-1}. Ihre wichtigsten physikalischen Eigenschaften sind in der Tab. 7 angeführt.

Alle Xenonfluoride sind ausgezeichnete Fluorierungsmittel. Durch das Freiwerden von Xenon liegen die fluorierten Produkte nicht verunreinigt mit reduziertem Fluorierungsmittel vor. So fluoriert schon XeF_2 als mäßig starkes Fluorierungsmittel Jod zu JF_5, Brom zu BrF_3, AsF_3 und SbF_3 zu Pentafluoriden und Benzol zu Fluorbenzol.

Das Hexafluorid ist wesentlich reaktiver als die niederen Fluoride. Von diesen unterscheidet sich XeF_6 auch dadurch, daß es nicht in Quarz- oder Glasgefäßen, sondern nur in Nickel- oder Monelbehältern gehandhabt bzw. aufbewahrt werden kann. Mit Quarz (bzw. Glas) bildet nämlich XeF_6 sehr schnell Xenonoxidtetrafluorid, $XeOF_4$, wobei die Reaktion vermutlich über Zwischenstufen bis zum explosiven Trioxid, XeO_3, weiterlaufen kann:

$$2\,XeF_6 + SiO_2 \rightarrow SiF_4 + 2\,XeOF_4$$

$$2\,XeOF_4 + SiO_2 \rightarrow 2\,XeO_2F_2 + SiF_4$$

$$2\,XeO_2F_2 + SiO_2 \rightarrow 2\,XeO_3 + SiF_4$$

Tabelle 7
Physikalische Eigenschaften der Edelgasfluoride

	XeF_2	XeF_4	XeF_6	KrF_2
Schmelzpunkt (°C)	129,0	ca. 114	49,47	
Siedepunkt (°C)			75,57	
Dampfdruck bei 25 °C (mm)	4,6	2,5	27,0	138 extp
$\Delta H^0_{f(\text{fest})}$ (kJ · mol⁻¹ bei 298 K)	−164	−277,4	−361,1	+15,5
$\Delta H^0_{f(\text{gas})}$ (kJ · mol⁻¹ bei 298 K)	−108,4	−215,5	−297,1	+57,3
Sublimationswärme ΔH_s (kJ · mol⁻¹)	55,6	61,9	64,0	41,2
mittlere Bindungsenergie E(X−F) (kJ · mol⁻¹)	131,0	130,5	126,4	50,2
Molekülstruktur im Gaszustand	linear	quadr. planar	ψ-pentag. bipyr.	linear
Symmetriegruppe	$D_{\infty h}$	D_{4h}	C_{2v}?	$D_{\infty h}$
mittlerer Bindungsabstand X−F (nm)	0,190	0,195	0,190	0,190
Kristallsymmetrie	tetragonal	monoklin	monoklin. 20 °C k.f.z. bei 19 °C	tetragonal
Löslichkeit in wasserfr. HF (Mole/1 000 g)	7,82 (12,3 °C)	0,18 (20 °C)	3,16 (15,8 °C)	16,0 (25 °C)
Löslichkeit in Acetonitril (g XeF_2/100 *ml* Lösung)	32	sehr gut löslich	sehr gut löslich	—

Die Xenonfluoride sind in flüssigem Fluorwasserstoff löslich, doch nur die Lösung des Hexafluorids zeigt merkliche Dissoziation gemäß:

$$XeF_6 + HF \rightleftharpoons XeF_5^+ + HF_2^-$$

Während nichtwäßrige Lösungsmittel wie fl. NH_3, Pyridin, Freon 113 ($C_2Cl_3F_3$), Tetrahydrofuran, bereits durch XeF_2 oxydativ bzw. fluorierend zersetzt werden, lösen sich dagegen XeF_2, XeF_4 und sogar XeF_6 in Acetonitril sehr gut und ohne Zersetzung. In der Lösung liegen die Fluoride gemäß Leitfähigkeitsmessungen, 19 F-NMR-, IR- und Raman-Spektren molekular und solvatisiert vor. Die Stabilität dieser Systeme resultiert aus der Solvatation bzw. Stabilisation durch charge-transfer-Wechselwirkung zwischen Xenonfluorid und Solvens.

XeF_2 läßt sich aus der acetonitrilischen Lösung umkristallisieren, es bildet weiterhin stabile Lösungen in fl. SO_2, DMSO, Dimethylformamid, Dioxan, Nitromethan u. a.

Xenondifluorid löst sich molekular auch in Wasser (25 g XeF_2/l bei 0 °C) bei langsam verlaufender Hydrolyse ($\tau_{1/2} \sim 7$ h bei 0 °C) nach:

$$XeF_2 + H_2O \rightarrow Xe + 1/2 O_2 + 2 HF$$

Die Hydrolyse des Tetrafluorids verläuft in neutraler oder saurer Lösung unter Disproportionierungen:

$$3 XeF_4 + 6 H_2O \rightarrow 2 Xe + 3/2 O_2 + XeO_3 + 12 HF$$

Durch partielle Hydrolyse des Hexafluorids entsteht $XeOF_4$:

$$XeF_6 + H_2O \rightarrow XeOF_4 + 2 HF$$

Während bei der vollständigen Hydrolyse in neutraler oder saurer Lösung sofort Xenontrioxid gebildet wird:

$$XeF_6 + 3 H_2O \rightarrow XeO_3 + 6 HF$$

Xenontrioxid ist eine der brisantesten Verbindungen, da es nur kinetisch stabil, thermodynamisch aber instabil gegen den Zerfall in Xenon und Sauerstoff ist:

$$XeO_{3(\text{fest})} \rightarrow Xe + 3/2 O_2 \qquad (\Delta H^0_{f298} = +401 \text{ kJ} \cdot \text{mol}^{-1})$$

22.1.2. Xenon-Fluorokomplexe

Die Tendenz zur Fluoridionenabgabe gemäß dem Gleichgewicht

$$XeF_n \rightleftharpoons XeF^+_{n-1} + F^-$$

sollte mit steigender positiver Ladung am Xenonatom abnehmen. Demnach müßte XeF_6 der schwächste, XeF_2

der stärkste Fluoridionendonator sein. Aus den experimentellen Beobachtungen zeigt sich jedoch, daß die Fluoridionendonatorstärke in der Reihe

$$XeF_4 \ll XeF_2 < XeF_6$$

zunimmt.

Dabei können folgende Gleichgewichte formuliert werden:

$$XeF_2 \underset{+F^-}{\overset{-F^-}{\rightleftharpoons}} XeF^+(Xe_2F_3^+)$$

$$\psi\text{-Oktaeder } XeF_4 \underset{+F^-}{\overset{-F^-}{\rightleftharpoons}} XeF_3^+ \quad \psi\text{-trigonale Bipyramide}$$

$$\text{verzerrtes Oktaeder } XeF_6 \underset{+F^-}{\overset{-F^-}{\rightleftharpoons}} XeF_5^+(Xe_2F_{11}^+)$$

ψ-Oktaeder (vgl. Tab. 9)

Diese gefundene Reihenfolge der Fluoridionendonatorstärke der Xenonfluoride steht im Einklang mit den ermittelten Ionisierungsenthalpien ($XeF_2 \rightarrow XeF^+$: 9,45 eV; $XeF_4 \rightarrow XeF_3^+$: 9,66 eV; $XeF_6 \rightarrow XeF_5^+$: 9,24 eV). Daraus wird gefolgert, daß die ψ-oktaedrische Geometrie des XeF_5^+ besonders bevorzugt sein muß, wie es auch bei der Kristallstruktur des XeF_6 beobachtet wird. Dagegen wirkt das Aufbrechen der ψ-oktaedrischen Konfiguration des XeF_4-Moleküls der Kationenbildung entgegen.

So ist von XeF_4 bisher auch nur eine Verbindung mit der stärksten Lewis-Säure SbF_5 beschrieben worden, die aber noch nicht identifiziert werden konnte.

Von XeF_2 und XeF_6 existieren dagegen zahlreiche Komplexe, in denen als Akzeptoren hauptsächlich die Pentafluoride von As, Sb, P, Au, V, Nb und Ta sowie der Platinmetalle Ru, Rh, Pd, Os, Ir und Pt fungieren.

Weiterhin treten als Akzeptoren auch Tetrafluoride mit M = Ti, Pt, Pd, Mn, Fe und Sn sowie Trifluoride mit M = B, Fe und Co auf.

Diese kristallinen, sehr reaktiven, leicht hydrolysierbaren Komplexe können folgende stöchiometrische Zusammensetzungen besitzen:

1:2:	$XeF_2 \cdot 2MF_5$,	$XeF_2 \cdot 2MF_4$	
	$XeF_6 \cdot 2MF_5$,	$XeF_6 \cdot 2MF_4$	
1:1:	$XeF_2 \cdot MF_5$,	$XeF_2 \cdot MF_4$,	$XeF_2 \cdot MF_3$
	$XeF_6 \cdot MF_5$,	$XeF_6 \cdot MF_4$,	$XeF_6 \cdot MF_3$
2:1:	$2XeF_2 \cdot MF_5$		
	$2XeF_6 \cdot MF_5$,	$2XeF_6 \cdot MF_4$,	
4:1:	$4XeF_6 \cdot MF_4$		

Im Festkörper liegen die Xenonfluoride in den kationischen Formen XeF^+ bzw. XeF_5^+ vor. Diese wirken so stark polarisierend, daß sie im Überschuß der Xenonfluoride, d. h. in den 2:1-Komplexen, zu diesen Fluorbrücken ausbilden, wobei die Kationen $Xe_2F_3^+$ bzw. $Xe_2F_{11}^+$ entstehen.

(Die Strukturen der 4:1-Komplexe sind noch nicht genau bekannt, in den 1:2-Verbindungen liegen die Anionen fluorverbrückt vor, z. B. $XeF_2 \cdot 2SbF_5 = XeF^+ [Sb_2F_{11}]^-$).

Die XeF-Bindung in den einfachen Kationen ist wesentlich stabiler als in den neutralen Molekülen. Dies äußert sich bei XeF^+ in einer Erhöhung der Bindungsenergie von 131 KJ · mol^{-1} für XeF_2 auf 205 KJ · mol^{-1} für XeF^+ und einer Verkürzung des Bindungsabstands von 0,19 nm auf 0,18 nm. Das assoziierte Kation $Xe_2F_3^+$ ist symmetrisch V-förmig planar gebaut. Durch das Brücken-F-Atom wird die stark polarisierende Wirkung des XeF^+ reduziert. Der Bindungsabstand der endständigen Xe-F-Bindung wird auf 0,185 nm erhöht. Die Kation-Anion-Wechselwirkung wird geringer und die gebildeten Komplexe werden somit instabiler.

Ganz analog liegen die Verhältnisse in den XeF_6-Komplexen.

Vergleicht man verschiedene Komplexstrukturen miteinander, so wird aber deutlich, daß die Xe(VI)-Verbindungen stärker ionisch als die entsprechenden Xe(II)-

Verbindungen sind. Man darf daher nicht alle diese Komplexe als salzartige Verbindungen formulieren. Mit abnehmender Fluoridionenakzeptorstärke der Lewis-Säure nimmt vielmehr der kovalente Fluorbrückenanteil zu. So werden z. B. mit schwachen Lewis-Säuren, wie z. B. JF_5, reine Molekülkomplexe gebildet, in denen keine ionischen Bindungsanteile mehr nachweisbar sind. So liegen im Molekülgitter von $XeF_2 \cdot JF_5$ die XeF_2- und die JF_5-Einheiten unverändert vor.

Im Gegensatz zu den Fluoridionendonatoreigenschaften sind die Fluoridionenakzeptoreigenschaften der Xenonfluoride nur schwach ausgeprägt.

Lediglich Xenonhexafluorid bildet mit Alkalifluoriden und Nitrosylfluorid als Lewis-Basen Fluoroxenate(VI):

$$M^+(XeF_7)^- \quad (M = \text{Rb, Cs})$$

$$M_2^+(XeF_8)^{2-} \quad (M = \text{Rb, Cs, K, Na, NO})$$

Diese Komplexe sind thermisch recht beständig, sie zersetzen sich z. B. nach folgenden Gleichungen:

$$CsXeF_7 \xrightarrow{50\,°C} Cs_2XeF_8 \xrightarrow{400\,°C} CsF$$

$$RbXeF_7 \xrightarrow{20\,°C} Rb_2XeF_8 \xrightarrow{400\,°C} RbF$$

Die Fluoroxenate(VI) sind chemisch extrem reaktiv, sie reagieren heftig mit Wasser, wobei es nahezu quantitativ zur Bildung wäßriger Xe(VI)-Lösungen kommt, da bei der Hydrolyse kein Xenon frei wird. Die partielle Hydrolyse von $CsXeF_7$ führt zu $CsXeO_3F$, bei dessen Auflösung in Wasser $CsHXeO_4$ entsteht.

In den XeF_8^{2-} Einheiten sind die 8 Fluoratome quadratisch antiprismatisch um das Xenoatom angeordnet.

22.1.3. Xenon(II)-Derivate

Am Xenondifluorid lassen sich ein oder zwei Fluorliganden durch andere, stark elektronegative Liganden, wie $-OR$, substitutieren ($-OR = -OSO_2F$, $-OClO_3F$,

$-OSeF_5$, $-OTeF_5$, $-OCOCF_3$), indem die entsprechende wasserfreie Säure mit XeF_2 nach

$$XeF_2 + H^+OR^- \rightarrow FXe-OR + HF$$

und

$$FXe-OR + H^+OR^- \rightarrow RO-Xe-OR + HF$$

umgesetzt wird. Triebkraft der Reaktion ist dabei hauptsächlich die stark exotherme HF-Bildung.

Die Monosubstitutionsprodukte besitzen partiellen Ionenbindungscharakter gemäß XeF^+OR^-. Sie sind auch nach

$$XeF_2 + Xe(OR)_2 \rightleftharpoons 2FXeOR$$

darstellbar. Das Perchlorat und Trifluoracetat sind kinetisch instabil und detonieren leicht, das Pentafluorotellurat ist die stabilste dieser Verbindungen (vgl. Tab. 8).

Tabelle 8
Verbindungen der allgemeine Formeln FXeOR und $Xe(OR)_2$

Verbindung	F(°C)	Farbe	thermische Stabilität (Zersetzungstemperatur (°C)
$FXeOSO_2F$	37	farblos	sublimiert
$Xe(OSO_2F)_2$	44	gelb	20
$FXeOClO_3$	17	farblos	20
$Xe(OClO_3)_2$	–	gelb	–20
$FXeOSeF_5$	–13	hellgelb	
$Xe(OSeF_5)_2$	–	hellgelb	ab 100
$FXeOTeF_5$	–15	farblos	150
$Xe(OTeF_5)_2$	36	farblos	150
$FXeOCOCF_3$	–	fahlgelb	explosiv
$Xe(OCOCF_3)_2$	–	fahlgelb	ab –20

Die disubstituierten Derivate sind alle instabiler als die entsprechenden monosubstituierten. Es sind kovalente Verbindungen. Für die Stabilität des Pentafluorotellurats und -selenats kann die geringe Bildungstendenz der Radikale $\cdot OTeF_5$ und $\cdot OSeF_5$ verantwortlich gemacht werden, weil offenbar alle Xenonverbindungen dieser Art radikalisch, bisweilen detonativ, zerfallen:

$$Xe(OSO_2F)_2 \xrightarrow[20\,°C]{spontan} Xe + S_2O_6F_2$$

$$Xe(ClO_4)_2 \xrightarrow{\sim 20\,°C} Xe + (ClO_3)_2 + O_2 \quad (+ \text{ wenig } Cl_2O_7)$$

$$Xe(OTeF_5)_2 \xrightarrow{120\,°C} Xe + F_5Te{-}O{-}TeF_5 + O_2 \quad (+ \text{ wenig } TeF_6)$$

$$Xe(OCOCF_3)_2 \xrightarrow{\sim -20\,°C} Xe + C_2F_6 + 2\,CO_2$$

Als weiteres Xenon(II)-Derivat ist $FXeN(SO_2F)_2$ dargestellt worden. In dieser Verbindung ist Xenon erstmalig mit Stickstoff direkt verknüpft.

Alle diese Verbindungen sind kräftige Oxydationsmittel.

22.1.4. *Xenonoxidfluoride*

Als weitere Derivate der Xenonfluoride sind auf verschiedenen Wegen Xenonoxidfluoride dargestellt worden.

Diese leiten sich von den Xenon-Oxydationsstufen + 4 ($XeOF_2$), +6 ($XeOF_4$, XeO_2F_2) und +8 (XeO_2F_4, XeO_3F_2) ab.

22.2. *Krypton-Verbindungen*

Von Krypton, dessen Ionisationspotential 14,0 eV beträgt, ist als einzige binäre Verbindung KrF_2 bekannt. Alle Versuche, Krypton weiter zu fluorieren, scheiterten. Auch für die Existenz von Oxidfluoriden oder Oxiden gibt es keinen Beweis.

22.2.1. *Kryptondifluorid*

Wegen der thermodynamischen Instabilität des KrF_2 (vgl. Tab. 7) müssen bei allen Synthesen $Kr{-}F_2$-Gemische bei niedrigen Temperaturen (ca. −183 °C) angeregt werden, wobei die Energiezufuhr z. B. durch Protonen-, Röntgen- oder UV-Bestrahlung oder durch elektrische Entladung erfolgt.

KrF_2 ist wesentlich instabiler als das homologe XeF_2. Die mittlere Kr—F-Bindungsenergie beträgt ca. 50 kJ · mol^{-1} und liegt noch niedriger als die halbe Dissoziationsenergie des F_2. Daher ist KrF_2 von allen bekannten oxydierenden Fluoriden die wirksamste Quelle für Fluoratome.

KrF_2 ist im festen und gasförmigen Zustand farblos. Die tetragonalen Kristalle sublimieren bereits unterhalb von 0 °C (30 mm) schnell, sie zersetzen sich bei Raumtemperatur spontan (Zerfallsgrad 10% h^{-1}), können aber bei —78 °C in Quarz- oder Kel-F-Gefäßen längere Zeit unzersetzt aufbewahrt werden.

KrF_2 ist ein sehr starkes oxydatives Fluorierungsmittel. Es überführt z. B. Chlor in ClF_3 und ClF_5:

$$3KrF_2 + Cl_2 \rightarrow 2ClF_3 + 3Kr$$

$$KrF_2 + ClF_3 \rightarrow ClF_5 + Kr$$

und Xenon in XeF_6.

Von Wasser wird KrF_2 sofort gemäß

$$KrF_2 + H_2O \rightarrow Kr + 1/2O_2 + 2HF$$

zersetzt.

22.2.2. Krypton-Fluorokomplexe

Mit Fluoridionenakzeptoren bildet KrF_2 analoge Verbindungen wie XeF_2. In diesen liegen je nach der Stöchiometrie der Umsetzungen KrF^+- bzw. $Kr_2F_3^+$-Kationen vor:

1:2: $KrF_2 \cdot 2MF_5 = KrF^+[M_2F_{11}]^-$ (M = Sb, Ta, Nb)

1:1: $KrF_2 \cdot MF_5 = KrF^+MF_6^-$ (M = As, Sb, Pt, Ta, V, Au)

2:1: $2KrF_2 \cdot MF_5 = [FKrFKrF]^+ [MF_6]^-$ (M = As, Sb)

Diese Komplexe sind Festkörper, die selbst zwischen 0° und 25 °C meist noch stabiler und weniger flüchtig als KrF_2 sind.

Sie stellen extrem starke oxydative Fluorierungsmittel dar, dabei werden z. B. mit O_2 oder Xe bei Zimmertemperatur sofort O_2^+- bzw. XeF^+-Verbindungen gebildet:

$$KrF^+AuF_6^- + O_2 \rightarrow O_2^+AuF_6^- + Kr + 1/2F_2$$

$$KrF^+AsF_6^- + O_2 \rightarrow O_2^+AsF_6^- + Kr + 1/2F_2$$

$$KrF^+AsF_6^- + Xe \rightarrow XeF^+AsF_6^- + Kr$$

Bei der Reaktion mit BrF_5 konnte ein Derivat des noch nicht bekannten BrF_7 dargestellt werden:

$$Kr_2F_3^+AsF_6^- + BrF_5 \xrightarrow{20\,°C} BrF_6^+AsF_6^- + 2Kr + F_2$$

$$2Kr_2F_3^+SbF_6^- + BrF_5 \xrightarrow{20\,°C} BrF_6^+Sb_2F_{11}^- + 2Kr + 3F_2$$

22.3. Radon-Verbindungen

Auf Grund des relativ niedrigen Ionisationspotentials des Radons (10,75 eV) sollte man erwarten, daß Radon zumindest die gleichen Verbindungen bilden kann wie Xenon. Jedoch sind die Untersuchungen der chemischen Eigenschaften des Radons dadurch stark eingeschränkt, daß das stabilste Radon-Isotop, ^{222}Rn, eine Halbwertszeit von nur 3,83 Tagen besitzt.

Demzufolge wurden auch alle bisherigen Untersuchungen nur mit Tracer-Mengen dieses Elementes durchgeführt.

Die beim radioaktiven Zerfall des Radons freiwerdende Energie erschwert die Erforschung seiner chemischen Eigenschaften außerordentlich, da nicht nur gebildete bzw. potentiell entstehende Radonverbindungen, sondern auch die eingesetzten Reagenzien durch die Strahlungs- bzw. Zerfallsenergie zersetzt werden. So konnte bisher auch nur ein Radonfluorid, vermutlich RnF_2, bei der exothermen Reaktion zwischen Radon und Fluor oder Chlor- bzw. Bromfluoriden dargestellt werden:

$$Rn \xrightarrow{F_2,\, ClF_3,\, BrF_3,\, BrF_5} RnF_{2(?)}$$

Dieses Radonfluorid ist ein schwerflüchtiger Festkörper, der erst oberhalb 250 °C sublimiert und sich bei dieser Temperatur im Vakuum zersetzt. Da diese Verbindung mit Wasser ohne die Bildung von Radonoxiden reagiert und auch keine Radonaktivität in der wäßrigen Lösung verbleibt, ist anzunehmen, daß es sich gemäß

$$RnF_2 + H_2O \rightarrow Rn + 1/2\,O_2 + 2\,HF$$

um das Difluorid handeln muß. Erst bei Temperaturen oberhalb 200 °C wird Radonfluorid durch Wasserstoff zu Radon reduziert. In flüssigem HF oder BrF_3 liegt Radonfluorid dissoziiert vor, wobei als Kationen RnF^+ bzw. $Rn_2F_3^+$ auftreten. Demzufolge wäre RnF_2 als ionogene Verbindung RnF^+F^- zu betrachten.

Verbindungen mit RnF^+-Kationen entstehen vermutlich auch bei den Umsetzungen von Radon mit den festen Halogenfluorid-Antimonpentafluorid-Komplexen:

z. B. $Rn + ClF_2^+SbF_6^- \rightarrow RnF^+SbF_6^- + ClF$

$$Rn + BrF_2^+SbF_6^- \rightarrow RnF^+SbF_6^- + BrF$$

$$Rn + BrF_4^+Sb_2F_{11}^- \rightarrow RnF^+SbF_6^- + BrF_2^+SbF_6^-$$

Da bei diesen bei 25 °C spontan ablaufenden Reaktionen Radon und seine Tochterelemente in nichtflüchtige, salzartige Verbindungen überführt werden, können diese Reagenzien in Gasreinigungsanlagen zur Entfernung von Radon und dessen Tochterelementen aus der Luft, vor allem in Uranbergwerken, sowie zur Analyse des Rn-Gehaltes in der Luft verwendet werden.

Für die Existenz von Oxidfluoriden, Oxiden und Chloriden des Radon gibt es bisher keine Beweise.

22.4. Die chemische Bindung in Edelgasverbindungen

Die Erklärung der chemischen Bindung in Edelgasverbindungen ist problematisch hinsichtlich der Beteiligung „äußerer", *d*-(oder *f*-) Atomorbitale der Edelgasatome.

Dabei sollte jede akzeptable Theorie den Beobachtungen Rechnung tragen, daß nur die schwereren, leichter ionisierbaren Gase Verbindungen bilden und, daß nur die elektronegativsten Spezies Bindungspartner sein können. In einer Verbindung liegen dann die Edelgasatome positiviert und die Liganden negativiert vor.

Anfangs ging die Mehrzahl der Bindungsmodelle von der alleinigen Beteiligung von *s*- und *p*-Orbitalen aus, wobei die meisten dieser Modelle nur die *p*-Orbitale verwenden und das Oktett als ein Bindungskriterium beibehalten. Der Grund dafür wird darin gesehen, daß die zur Bindungsbeteiligung „äußerer" Edelgasorbitale notwendige Promotionsenergie größer ist als der mögliche Gewinn an Bindungsenergie. So beträgt für das Xenonatom die $5p \rightarrow 5d$-Promotionsenergie etwa 10 eV. Jüngste Untersuchungen deuten aber darauf hin, daß die äußeren Orbitale doch stärker an der Bindung beteiligt sind, zumindest in den höheren Oxydationsstufen der Edelgase.

Im wesentlichen werden die Edelgasbindungen beschrieben nach dem Korrelationsmodell, dem MO-Verfahren, der VB-Resonanzmethode und der Methode der vollständigen Hybridisierung.

Die Strukturen der verschiedenen Moleküle, so z. B. der wichtigsten Xenonverbindungen (Tab. 9) lassen sich leicht verstehen, wenn nach der VSEPR-Theorie aus den bindenden, einfach besetzten AO der F- bzw. O-Atome und den doppelt besetzten 5*s*- bzw. $5p_x$-, $5p_y$- und $5p_z$-AO des Xenonatoms eine „Valenzschale" mit lauter gleichwertigen Elektronenpaaren gebildet wird, die sich derart anordnen, daß die Wechselwirkungen zwischen ihnen minimal werden. Nach diesen Überlegungen ist für XeF_2 eine lineare, für XeF_4 eine planar-quadratische, für XeO_3

Tabelle 9
Molekülstrukturen einiger Xenonverbindungen

Verbindung	VSEPR	Geometrie	Struktur ● Xe ○ F
XeF_2	AB_2E_3	linear (ψ-trig.bipyr.)	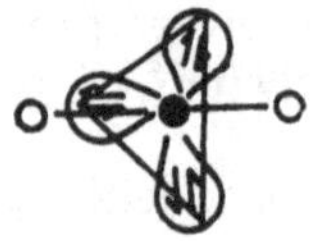
XeF_4	AB_4E_2	quad.planar (ψ-oktaedr.)	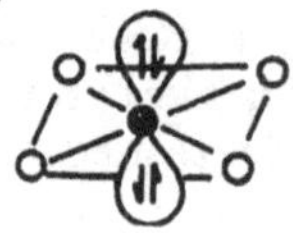
XeF_6	AB_6E	(ψ-pentag. bipyr.)	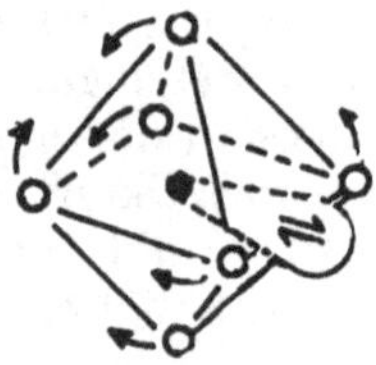
XeO_3	AB_3E	trig.pyr. (ψ-tetraedr.)	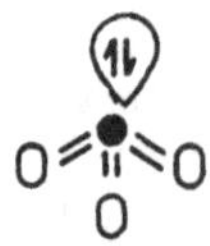
$XeOF_4$	AB_5E	quad.pyr. (ψ-oktaedr.)	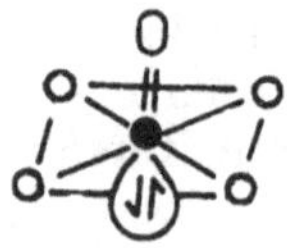
XeO_4	AB_4	tetraedr.	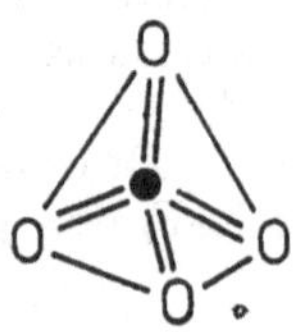

eine trigonal-pyramidale, für $XeOF_4$ eine tetragonal-pyramidale und für XeO_4 eine tetraedrische Struktur zu erwarten, was experimentell auch bestätigt ist. Das XeF_6 mit sechs F-Atomen und einem nichtbindenden Elektronenpaar sollte nach der VSEPR-Theorie eine verzerrt-oktaedrische Struktur besitzen, was aber nicht in Einklang mit den strukturanalytischen Befunden steht. Offensichtlich hat das nichtbindende Valenzelektronenpaar in XeF_6 nicht die sterische Aktivität, wie sie gewöhnlich durch ein solches Paar gegeben ist. Vielmehr muß Pseudorotation angenommen werden, wobei für XeF_6 eine pseudopentagonale Bipyramide der Symmetrie C_{2v}, mit dem freien Elektronenpaar in äquatorialer Position, der zur Zeit beste Strukturvorschlag ist (Tab. 9).

^{19}F- und ^{129}Xe-NMR-Messungen lassen auch auf das Vorliegen von tetrameren XeF_6-Einheiten (Xe_4F_{24}) schließen, in denen alle 24 F-Atome magnetisch äquivalent sind. Die 4 Xe-Atome sind tetraedrisch angeordnet, und die 24 F-Atome sind um den Xe-Tetraeder leicht beweglich, wobei jeweils XeF_5-Einheiten über F-Atome verbrückt sind (Abb. 8).

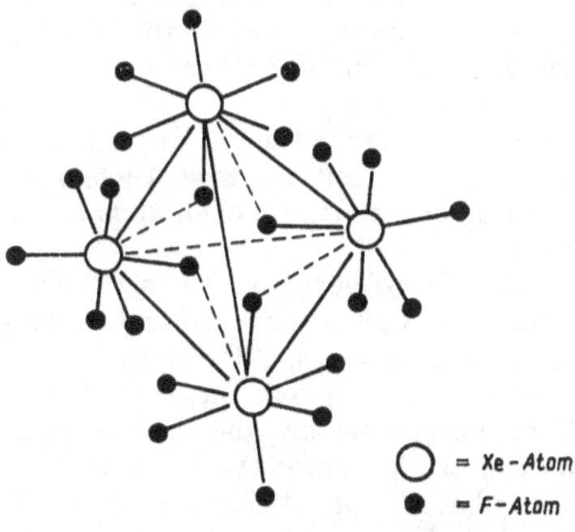

Abb. 8. Tetramere XeF_6-Einheit (Xe_4F_{24})

22.5. *Zur weiteren Entwicklung der Edelgaschemie*

Die Elektronenstrukturen der Edelgase mit ihren abgeschlossenen Schalen sind recht stabil, wie die hohen Ionisierungspotentiale besonders der leichteren Elemente zeigen (Tab. 10).

Tabelle 10
1. Ionisierungspotentiale und Promotionsenergien der Edelgase

	He	Ne	Ar	Kr	Xe	Rn
1. Ionisierungspotential (eV)	24,58	21,56	15,76	14,00	12,13	10,75
Promotionsenergie (eV) $ns^2np^6 \rightarrow ns^2np^5(n+1)s$	–	16,6	11,5	9,9	8,3	6,8

Demzufolge ist auch die Fähigkeit der Edelgase, sich mit anderen Atomen chemisch zu verbinden, sehr beschränkt.

Die Daten für die Ionisierungspotentiale und für die energetisch niedrigsten Promotionsenergien zeigen, daß die chemische Reaktivität innerhalb der Gruppe nach den leichteren Elementen hin so weit abnehmen muß, daß sie beim Krypton ihren Grenzwert erreicht haben dürfte. (Ein hypothetisches Argonfluorid könnte nur noch bei tiefen Temperaturen existent sein.)

Die Chemie und die physikalische Chemie der Edelgase wurde in einer enorm kurzen Zeit im wesentlichen erarbeitet und kann heute bereits als praktisch abgeschlossen betrachtet werden.

Offen bleibt noch die Frage nach der Existenz eines XeF_8. Nach der gelungenen Darstellung von Oktafluorojodaten der Formel MJF_8 (M = Cs, NO) erscheint die Synthese von XeF_8 zumindest möglich. Dabei wird nach den bisherigen Versuchsergebnissen die Temperatur-Druck-Synthese weniger erfolgversprechend sein als vielmehr die Darstellung über Glimmentladung oder Hochfrequenzanregung bei tiefen Temperaturen. Darüber hinaus dürfte nach der Synthese von $CsJF_8$ der β-Zerfall von ^{129}J einer solchen Verbindung über den MÖSSBAUER-Effekt zumindest zum Nachweis von XeF_8 führen:

$$({}^{129}JF_8^- \xrightarrow{\beta^-} {}^{129}XeF_8\ ?)$$

Abschließend bleibt noch einmal festzustellen, daß die Edelgasverbindungen hinsichtlich ihres chemischen und thermodynamischen Verhaltens sich an die im Periodensystem benachbarten Elemente und deren Verbindungen, speziell an die Halogenfluoride, anlehnen. Die Edelgasverbindungen stellen somit im Prinzip nichts Neues dar, sie sind lediglich Endglieder entsprechender Reihen von Verbindungen.

23. Sauerstofffluoride

Wie alle Halogene, bildet auch Fluor binäre Verbindungen mit Sauerstoff. Da aber Fluor elektronegativer als Sauerstoff ist, sind diese Verbindungen als Sauerstofffluoride zu bezeichnen. Dagegen stellen die Sauerstoffverbindungen der übrigen Halogene Nichtmetalloxide mit Halogen in positiven Oxydationsstufen dar. Die Fluor-Sauerstoff-Verbindungen leiten sich von den Typen O_nF und O_nF_2 ab. In allen diesen Spezies, in denen die O-Atome jeweils positiv polarisiert sind, ist die Oxydationsstufe des Sauerstoffs größer als Null.

In der Verbindungsreihe O_nF sind nur die Glieder mit $n = 1$ und 2 bekannt. Beide sind Radikale und als Verbindungen instabil. Fluoride vom Typ O_nF_2 wurden mit $n = 1$, 2, 3 und 4 dargestellt. Die Existenz der höheren Homologen mit $n = 5$ und 6 wird vermutet, ist aber noch nicht gesichert.

Mit Ausnahme von OF_2 sind alle Sauerstofffluoride thermodynamisch instabil gegen den Zerfall in die Elemente.

Ihre Entdeckungen ergaben sich folgendermaßen:

1927	1933	1938	1961	1965	1965
OF_2	O_2F_2	O_3F_2	O_4F_2	O_5F_2	O_6F_2
(LEBEAU und DAMIENS)	(RUFF und MENZEL)	(AOYAMA und SAKURABA)	(STRENG und GROSSE)	(STRENG und GROSSE)	

23.1. *Sauerstoffdifluorid, OF_2*

OF_2 wird am günstigsten beim Durchleiten von Fluor durch eine Alkalihydroxidlösung erhalten:

$$2F_2 + 2OH^- \rightarrow 2F^- + OF_2 + H_2O$$

OF_2 ist ein farbloses, trotz seiner positiven Bildungsenthalpie ($\Delta H = +21\,kJ \cdot mol^{-1}$) metastabiles, reaktionsfähiges Gas (F. $-224\,°C$, Kp $-145\,°C$). Es ist nicht explosiv, sondern zerfällt allmählich beim Erwärmen ab 250 °C in Fluor und Sauerstoff ($OF_2 \rightarrow 1/2\,O_2 + F_2$), der Zerfall wird durch Nickel katalysiert.

In Wasser löst es sich nur wenig, die stark oxydierende Lösung reagiert nicht sauer, demzufolge ist OF_2 kein Säureanhydrid. OF_2 ist reaktionsträger als F_2, Mischungen mit H_2 oder CH_4 oder CO werden erst durch einen Funken zur Reaktion gebracht.

Analog reagiert ein Wasserdampf/OF_2-Gemisch erst nach Zündung:

$$OF_2 + H_2O_{(g)} \rightarrow O_2 + 2\,HF; \quad \Delta H = -293\,kJ \cdot mol^{-1}$$

Viele Metalle und Nichtmetalle werden von OF_2 beim Erwärmen oxydiert und/oder fluoriert. So bildet OF_2 mit Phosphor POF_3, mit Schwefel SO_2 und SF_4. Es setzt andere Halogene aus Halogenwasserstoff-Säuren oder ihren Salzen frei:

$$OF_2 + 4\,HX_{(aq)} \rightarrow 2\,X_2 + 2\,HF + H_2O \quad (X = Cl, Br, J)$$

Durch Basen wird OF_2 leicht hydrolysiert:

$$OF_2 + 2OH^- \rightarrow O_2 + 2F^- + H_2O$$

Die OF_2-Molekel ist analog H_2O gewinkelt, der Bindungswinkel beträgt 100,6°, die O—F-Kernabstände betragen 0,141 nm.

OF_2 wird als Oxydationskomponente für Raketentreibstoffe eingesetzt und ist die meist verwendete und damit bedeutungsvollste Halogen-Sauerstoff-Verbindung.

23.2. *OF-Radikal*

Durch UV-Photolyse von OF_2 in einer N_2-Matrix bei −270 °C entstehen OF-Radikale die IR-spektroskopisch nachweisbar sind:

$$OF_2 \xrightarrow{h\nu} OF + F$$

OF-Radikale werden auch bei der Reaktion von Fluoratomen mit N_2O gebildet, so daß zur OF-Darstellung am besten ein Gemisch von OF_2 und N_2O in N_2-Matrix photolysiert wird:

$$F + N_2O \xrightarrow{h\nu} OF + N_2$$

Beim Aufwärmen des Kondensates rekombinieren die OF-Radikale hauptsächlich zu O_2F_2.

23.3. *Disauerstoffdifluorid, O_2F_2*

O_2F_2 wird dargestellt, wenn ein Gemisch von F_2/O_2 im Quarzrohr einer elektrischen Entladung ausgesetzt wird. Dabei scheidet sich an der mit fl. N_2 gekühlten Wand ein Belag von festem, gelbem O_2F_2 ab:

$$O_2 + F_2 \rightleftharpoons O_2F_2; \qquad \Delta H = +18\ \text{kJ} \cdot \text{mol}^{-1}$$

O_2F_2 (F − 163°, Kp − 57 °C (extrp.) zerfällt im Gaszustand bei −50 °C mit $t/2 \sim 3$ h in O_2 und F_2. Dabei tritt als Zwischenprodukt O_2F auf. Für die Dissoziation von O_2F_2 in O_2F und F sind nur etwa 71 kJ · mol^{-1} erforderlich. Diese relativ schwache Bindung des Fluors im O_2F_2 ist sowohl für dessen Zersetzlichkeit als auch für die extreme Reaktionsfähigkeit schon bei tiefen Temperaturen verantwortlich.

O_2F_2 ist ein sehr starkes Fluorierungs- und Oxydationsmittel. Die Reaktion mit Chlor führt zu ClF und ClF_3, mit H_2S entsteht SF_6 neben HF.

Zahlreiche Substanzen, vor allem C—H-haltige Verbindungen, explodieren schon bei der Temperatur der flüssigen Luft beim O_2F_2-Kontakt. Selbst C_2F_4 wird in COF_2, CF_4 und CF_3OOCF_3 überführt.

Die Molekülstruktur des O_2F_2 entspricht der des H_2O_2, die beiden Molekülhälften F—O— sind um 87,3° gegeneinander verdreht:

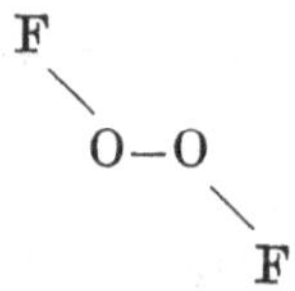

Der O—O-Abstand ist mit 0,122 nm kleiner als im H_2O_2 (0,148 nm), es liegt Doppelbindungscharakter analog O_2 vor. Die O—F-Bindung ist schwächer als die im OF_2.

O_2F_2 bildet mit starken Fluoridionenakzeptoren ionische Dioxygenylverbindungen:

$$O_2F_2 + MF_5 \rightleftharpoons O_2^+(MF_6)^- + 1/2\,F_2 \quad (M = \mathrm{As, Sb, P})$$

$$O_2F_2 + MF_3 \rightleftharpoons O_2^+(MF_4)^- + 1/2\,F_2 \quad (M = \mathrm{B, Br})$$

23.4. Trisauerstoffdifluorid, O_3F_2 („Ozonfluorid“)

O_3F_2 soll gebildet werden, wenn ein entsprechendes O_2/F_2-Gemisch bei vermindertem Druck und −183 °C einer elektrischen Entladung ausgesetzt wird.

O_3F_2 wird als eine bei $-183\,°C$ dunkelrote, sich oberhalb $-165\,°C$ in O_2 und O_2F_2 zersetzende Flüssigkeit beschrieben.

O_3F_2 ist reaktiver als Fluor oder F_2/O_2-Gemische. Es ist eines der stärksten Oxydationsmittel. Es ist paramagnetisch und besitzt axiale Symmetrie.

(Es gibt aber auch Literaturhinweise, wonach es sich bei der als O_3F_2 beschriebenen Verbindung um ein Gemisch von O_2F_2, O_2F und O_4F_2 handeln soll.)

23.5. O_4F_2, O_5F_2 und O_6F_2

Die Existenz dieser Sauerstofffluoride ist nicht voll gesichert. Sie sollen gebildet werden, wenn entsprechende F_2/O_2-Gemische bei vermindertem Druck und $-196\,°C$ einer Glimmentladung ausgesetzt werden. Oberhalb $-196\,°C$ zersetzen sich diese rot bis rotbraun gefärbten Verbindungen.

O_6F_2 ist bei $-196\,°C$ flüssig. Fluor soll aus der O_6F_2-Molekel entfernbar sein, wobei O_6-Ringe zurückbleiben würden. Ein solcher O_6-Ring wäre stabiler als zwei O_3-Molekeln.

24. Stickstofffluoride

Stickstoff bildet Halogenide, die sich formal von den Hydriden durch Substitution von H durch X (X = F, Cl, Br, J) ableiten. Dabei handelt es sich um folgende Verbindungstypen:

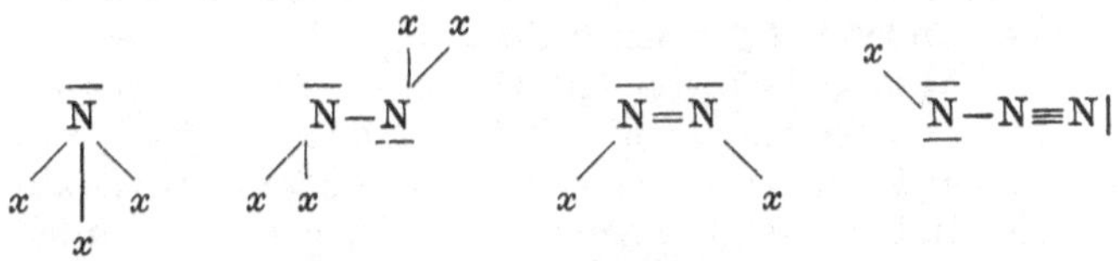

Stickstoff-trihalogenide	Distickstoff-tetrahalogenide (trans u. gauche)	Distickstoff-dihalogenide (cis und trans)	Halogenazide

Im Falle der NH_3-Derivate sind auch teilhalogenierte Verbindungen bekannt (Halogenamine NH_2X und Dihalogenamine NHX_2).

Weiterhin existieren auch gemischte Halogenide, z. B. NF_2Cl und $NFCl_2$.

Die Beständigkeit der Stickstoffhalogenide nimmt mit zunehmender Atommasse des Halogens ab, so daß nur mit Fluor alle Verbindungstypen existieren.

Ein Stickstoffpentafluorid NF_5 ist jedoch noch nicht synthetisiert worden.

24.1. Stickstofftrifluorid

NF_3 ist ein farbloses Gas (Kp −129 °C), das sich durch starke Abkühlung zu einer klaren, leicht beweglichen Flüssigkeit verdichten läßt. Es wurde erstmalig 1928 von O. RUFF durch Elektrolyse von geschmolzenem wasserfreiem NH_4HF_2 bei 125 °C hergestellt. NF_3 entsteht ebenso, zusammen mit kleinen Mengen an N_2F_2 und Fluoraminen, bei der Elektrofluorierung von Harnstoff in fl. HF.

Auch bei der Reaktion von NH_3 mit verdünntem Fluor in Gegenwart von Kupfer wird NF_3 erhalten.

NF_3 ist (im Gegensatz zum hochexplosiven NCl_3 oder NJ_3) eine exotherme Verbindung ($\Delta H = -96{,}9\,\mathrm{kJ \cdot mol^{-1}}$), die temperaturbeständig und sehr reaktionsträge ist und auch durch elektrischen Funken nicht zum Zerfall gebracht werden kann.

Es wird bei Raumtemperatur durch Wasser und die meisten anderen Agenzien nicht angegriffen und zersetzt sich in Abwesenheit von reduzierenden Metallen bei erhöhter Temperatur nicht. Beim Erhitzen wirkt NF_3 gegenüber Metallen fluorierend, wobei außer dem Metallfluorid und Stickstoff auch noch N_2F_4 gebildet werden kann.

Mischungen von NF_3 mit Wasserstoff oder wasserstoffhaltigen Verbindungen, wie NH_3, H_2S oder Wasserdampf, sind dagegen explosiv und leicht durch Funken zündbar.

(Dabei bilden NF_3/H_2O-Gemische HF und Stickstoffoxide.) Die bei der Reaktion der thermodynamisch stabilen, unkorrosiven Ausgangskomponenten NF_3 und NH_3 frei werdende Energie rührt von der hohen Bildungswärme des Fluorwasserstoffs und der Rekombinationswärme der Stickstoffmolekel her:

$$NF_3 + NH_3 \rightarrow N_2 + 3\,HF$$

Derartige Systeme können als Raketentreibstoffe Verwendung finden.

Der gegenüber NCl_3 und NJ_3 grundlegend andersartige Charakter von NF_3 ist darauf zurückzuführen, daß die N—F-Bindung wegen der starken Elektronegativität des Fluors in Richtung $^{+}N{-}F^{-}$ polarisiert ist, während in den übrigen Stickstofftrihalogeniden das Halogen positiviert ist.

Das NF_3-Molekül hat pyramidale Struktur, aber ein sehr niedriges Dipolmoment von 0,2 Debye. Donoreigenschaften durch ein freies Elektronenpaar am Stickstoff sind, verglichen mit NH_3, praktisch kaum mehr gegeben.

Erst in den letzten Jahren gelang es K. Christe u. Mitarb., durch Fluor-Druckreaktion NF_3 mit sehr starken Lewis-Säuren zu salzartigen Verbindungen mit Tetrafluorammonium-Kationen umzusetzen:

z. B. $$NF_3 + F_2 + AsF_5 \xrightarrow[185\,\text{bar}]{200\,°\text{C}} [NF_4]^+ [AsF_6]^-$$

oder $$NF_3 + F_2 + BiF_5 \xrightarrow[167\,\text{bar}]{175\,°\text{C}} [NF_4]^+ [BiF_6]^- \cdot BiF_5$$

$$NF_4BiF_6 \cdot BiF_5 \xrightarrow[\text{Vakuum}]{280\,°\text{C}} [NF_4]^+ [BiF_6]^- + BiF_5$$

Tetrafluorammonium-Salze sind auch mit den Anionen SbF_6^-, $Sb_2F_{11}^-$, PF_6^-, GeF_6^{2-}, SnF_6^{2-}, SnF_5^-, GeF_5^- und BF_4^- bekannt.

Jedoch lassen sich NF_4^+-Salze nur mit sehr starken Lewis-Säuren (A) gemäß der thermischen Drucksynthese ($NF_3 + A + F_2 \rightarrow NF_4^+AF^-$) herstellen. Die übrigen

Salze werden ausgehend von diesen Salzen entweder durch doppelte Umsetzungen in fl. HF:

$$\text{z. B.}\quad 2\,NF_4SbF_6 + Cs_2SnF_6 \xrightarrow{\text{HF-Lösg.}} 2\,CsSbF_6\downarrow + (NF_4)_2SnF_6$$

oder durch Verdrängungsreaktionen

$$\text{z. B.}\quad NF_4BF_4 + SnF_4 \xrightarrow{\text{HF-Lösg.}} NF_4SnF_5 + BF_3$$

gewonnen.

In jüngster Zeit sind NF_4^+-Salze deshalb interessant geworden, weil sie sich als Festtreibstoff-NF_3/F_2-Gasgeneratoren für chemische HF—DF-Laser eignen. Ursprünglich wurden die Fluor-Gasgeneratoren auf die direkte Erzeugung von F-Atomen ausgerichtet, wobei diese durch Verbrennen eines stark überoxydierten Gemenges, hauptsächlich bestehend aus einem NF_4^+-Salz mit einem kleinen Anteil an Brennmaterial, wie Teflon-Pulver, erzeugt wurden:

$$\text{z. B.}\quad NF_4MF_6 + (CF_2)_n \longrightarrow CF_4 + NF_3 + MF_5 + Q$$

$$NF_4MF_6 \xrightarrow{+Q} NF_3 + F_2 + MF_5$$

$$2\,NF_3 + F_2 \xrightarrow{+Q} N_2 + 8\,F.$$

Die in einem solchen System erzeugte Reaktionswärme (Q) reicht aus, um das verbleibende NF_4MF_6 zu pyrolysieren und den größten Teil des NF_3 und F_2 in F-Atome zu spalten.

Für einen NF_3/F_2-Gasgenerator ist das zugrunde liegende Prinzip gleichartig, außer hinsichtlich des Einhaltens einer niedrigeren Verbrennungstemperatur, da eine Spaltung von NF_3 und F_2 in F-Atome nicht erforderlich ist.

Obgleich es nun eine große Zahl stark oxydierender komplexer Fluorokationen und -anionen gibt, wird doch ihre potentielle Anwendung als energetische Oxydationsmittel dadurch beeinträchtigt, daß sie meist nur Salze mit nichtenergetischen Gegenionen bilden. Mit der Synthese von $(NF_4)_2NiF_6$ konnte aber erstmals ein stabiles Salz mit einem sowohl stark oxydierenden komplexen Fluorokation als auch -anion erhalten werden. Das NiF_6^{2-}-Ion ist deshalb ein starkes Oxydationsmittel, weil es in dem zugrunde liegenden NiF_4-Molekül eine instabile Komponente enthält, die in niedere Nickelfluoride und elementares Fluor zerfällt. Seine Fähigkeit als Oxydationsmittel und Bestandteil für einen Festtreibstoff-NF_3/F_2-Gasgenerator für chemische HF-DF-Laser zu fungieren, ergibt sich aus folgendem Vergleich:

1 cm^3 festes $(NF_4)_2NiF_6$ läßt sich bei thermischer Spaltung in 12% mehr nutzbare Fluoranteile (in Form von F_2 und NF_3) überführen als flüssiges F_2 bei -187°C. Darüberhinaus ist $(NF_4)_2NiF_6$ ein bei Normaltemperatur stabiler Festkörper, der sich auch ohne kryogene Kühlung sicher lagern läßt.

Vermutlich verlaufen die Reaktionen der NF_4^+-Bildung unter primärer Polarisierung der F_2-Molekel gemäß $F{-}F \rightarrow F^+ + F^-$, wobei das intermediär auftretende F^+-Kation mit NF_3 zu NF_4^+ und das F^--Ion mit der Lewis-Säure zum komplexen Anion reagiert. Die Bildung von Verbindungen mit NF_4^+-Kationen ließe sich aber auch durch die primäre Bildung des noch unbekannten NF_5 und dessen nachfolgende Reaktion mit dem Fluoridionenakzeptor

z. B. gemäß $NF_3 + F_2 \xrightarrow{\text{Druck}} \{NF_5\}$

$$\{NF_5\} + AsF_5 \longrightarrow [NF_4]^+ [AsF_6]^-$$

erklären.

24.2. Distickstofftetrafluorid

N_2F_4 ist eine exotherme Verbindung (Kp $-$ 111 °C), die am besten durch Reaktion von NF_3 mit Kupfer dargestellt wird:

$$2NF_3 + Cu \rightarrow N_2F_4 + CuF_2$$

Die Molekülstruktur entspricht der des Hydrazins, wobei das Gas bei 25 °C jedoch nebeneinander trans- und gauche-Konformere enthält. Im trans-Isomeren sind die NF_2-Gruppen um 180° gegeneinander verdreht, wobei ein Inversionszentrum entsteht (Dipolmoment Null). Im gauche-Isomeren beträgt die Verdrillung nur 90°.

Im Gegensatz zum NF_3 ist das N_2F_4 außerordentlich reaktionsfähig. Das liegt an der außergewöhnlich kleinen Dissoziationsenergie der N—N-Bindung, die sogar dazu führt, daß N_2F_4 bei niedrigen Drücken mit nachweisbaren Mengen von NF_2 im Gleichgewicht steht:

$$N_2F_4 \rightleftharpoons 2\,NF_2; \qquad \Delta H^0 = 85\ \mathrm{kJ \cdot mol^{-1}}$$

Bei Normaldruck ist die Dissoziation bei erhöhter Temperatur nachweisbar. Mit vielen Reaktionspartnern reagiert N_2F_4 erwartungsgemäß zu NF_2-haltigen Verbindungen, z. B. mit Cl_2 zu $NClF_2$, mit S_2F_{10} zu F_2NSF_5 und mit NO zu F_2NNO.

24.3. NF_2-Radikal

Das NF_2-Radikal ist überraschend stabil. Es ist gewinkelt analog OF_2, O_3^-, SO_2^-, ClO_2 gebaut, mit dem ungepaarten Elektron in einem relativ reinen π-Molekülzustand. NF_2 zählt zu den relativ stabilen Spezies mit ungerader Elektronenzahl. In seinen Reaktionen zeigt NF_2 (und damit N_2F_4) ein typisches Verhalten freier Radikale:

z. B. $2\,NF_2 + 2\,R\mathrm{SH} \longrightarrow 2\,HNF_2 + R\mathrm{SS}R$

$$NF_2 + \mathrm{RJ} \xrightarrow{h\nu} R\mathrm{NF_2} + 1/2\,J_2$$

$$N_2F_4 + Cl_2 \xrightarrow{h\nu} 2\,NClF_2$$

$$N_2F_4 + R\mathrm{CHO} \xrightarrow{h\nu} R\mathrm{CONF_2} + NHF_2$$

$$N_2F_4 + R_F\mathrm{SF_5} \xrightarrow{h\nu} R_F\mathrm{NF_2} + F_2NSF_5$$

NF_2-Radikale reagieren bei 300 °C mit NO, wobei durch schnelles Abkühlen mit fl. N_2 das instabile Nitrosodifluoramin, $ONNF_2$ erhalten werden kann.

24.4. *Distickstoffdifluorid* (*Difluordiazin*)

N_2F_2 entsteht als Nebenprodukt bei der NF_3-Synthese und prinzipiell bei der Vereinigung von NF-Radikalen, die auf verschiedene Weise dargestellt werden können:

$$\left.\begin{array}{l} FN_3 \xrightarrow[-N_2]{\sim 80\,°C} FN \\ NHF_2 \xrightarrow[-KHF_2]{+KF} FN \end{array}\right\rangle \longrightarrow 1/2\,N_2F_2$$

N_2F_2 ist ein farbloses, in cis- und trans-Formen trennbares Gas, wobei die trans-Form um ca 12 KJ · mol^{-1} stabiler als die cis-Form ist.

Die reine trans-Form entsteht in etwa 46%iger Ausbeute gemäß.

$$2\,N_2F_4 + 2\,AlCl_3 \rightarrow N_2F_2 + 3\,Cl_2 + 2\,AlF_3 + N_2$$

Das Gleichgewicht zwischen beiden N_2F_2-Formen stellt sich erst bei höheren Temperaturen rasch ein, so daß das Gemisch bei Temperaturen bis 25 °C durch Hochvakuumdestillation oder Gaschromatographie in die Komponenten trennbar ist.

Beide N_2F_2-Isomeren sind reaktive Substanzen, jedoch ist die trans-Form etwas weniger reaktionsfähig. N_2F_2 ist gegen O_2 und H_2O beständig, es zerfällt bei 300 °C in die Elemente und reagiert mit starken Fluoridionenakzeptoren zu salzartigen Verbindungen:

z. B. $N_2F_2 + AsF_5 \rightleftharpoons [N_2F]^+ (AsF_6]^-$.

Das lineare N_2F^+-Kation ist isoelektronisch mit CO_2, N_2O und NO_2^+.

24.5. *Fluorazid*

FN_3 entsteht bei der Reaktion von F_2 mit HN_3 in einer Stickstoffatmosphäre. Es ist ein gelbgrünes Gas (Kp − 83 °C, F. − 154 °C), das schon bei 25 °C allmählich in N_2F_2 und N_2 zerfällt:

$$2FN_3 \rightarrow N_2F_2 + 2N_2.$$

Im verflüssigten Zustand ist FN_3 explosiv.

Die präparative und physikalische Chemie der Stickstofffluoride war bis 1945 völlig unbedeutend, ab Mitte der 50er Jahre stieg das Interesse an dieser Verbindungsklasse aus strategischen Gründen enorm an. So werden heute die wichtigsten Vertreter im Tonnenmaßstab als Raketentreibstoffe dargestellt, wobei Systeme wie:

$$NF_3 + NH_3 \rightarrow 3HF + N_2$$

oder $$N_2F_4 + N_2H_4 \rightarrow 4HF + 2N_2$$

außerordentliche Schubkräfte ergeben und dabei wesentlich leichter handhabbar sind als F_2/H_2- oder OF_2/H_2-Treibstoffsysteme.

25. Kohlenstofffluoride

Die Kohlenstofffluoride bilden eine große Gruppe von Verbindungen, die in ihrer Struktur und bis zu einem gewissen Grade in ihren physikalischen Eigenschaften den Kohlenwasserstoffen entsprechen. Sie werden zusammenfassend als Fluorkohlenstoffe bezeichnet, wobei die den gesättigten Kohlenwasserstoffen analogen Verbindungen sehr reaktionsträge sind. Die einfachste Verbindung dieser Art, Kohlenstofftetrafluorid, CF_4, wurde im unreinen Zustand schon 1890 von H. Moissan dargestellt, in reiner Form jedoch erstmalig von P. Lebeau und A. Damiens im Jahre 1926 erhalten. Vier Jahre später stellten O. Ruff und R. KEIM durch direkte Reaktion von Fluor mit Kohlenstoff die Verbindungen CF_4, C_2F_4, C_2F_6 und C_3F_8 her. Bei dieser Reaktion entstehen in kleinen Mengen auch höhere Homologe der Reihe C_nF_{2n+2}.

Die Reaktion von Fluor mit Graphit bei 200 °C liefert Graphitfluorid, $(CF)_n$, das bei höherer Temperatur ebenfalls in ein Gemisch verschiedener Fluorkohlenstoffe zerfällt.

Weitere Eigenschaften von Fluorkohlenstoffen sowie deren Darstellungsmethoden sind in den nachfolgenden Abschnitten beschrieben.

26. Organische Fluorverbindungen

Die organische Fluorchemie ist nunmehr gut erforscht, und dem Fluor wird im allgemeinen eine besondere Stellung innerhalb der organischen Chemie zuerkannt. Fluor ist nicht nur ein Substituent unter anderen, sondern außer Wasserstoff das einzige Element, das gebunden an Kohlenstoff faktisch unbegrenzte $-CF_2$-Ketten bilden kann und somit ein ganzes System organischer Verbindungen hervorbringt.

Organische Fluorverbindungen sind synthetische Stoffe, die sich von normalen Verbindungen, die im folgenden als Grundkörper bezeichnet werden, durch teilweisen oder vollständigen Ersatz von Wasserstoff durch Fluor ableiten. Sie sind von ihren Grundkörpern in physikalischer und chemischer Hinsicht meist vollkommen verschieden und nehmen unter den organischen Halogenverbindungen, wie auch Fluor unter den Halogenen, eine Sonderstellung ein. Die sich unter Berücksichtigung aller Substitutionsgrade und Isomeriemöglichkeiten ergebende Zahl organischer Fluorverbindungen wird auf ca. 10^{12} geschätzt.

Aber erst die Auffindung neuer Fluorierungsmethoden sowie neuartiger Synthesewege ermöglichte die stürmische Entwicklung der organischen Fluorchemie in den letzten Jahrzehnten.

26.1. *Eigenschaften aliphatischer Fluorverbindungen*

Bei progressiver Substitution des Wasserstoffs durch Fluor nehmen im allgemeinen Dichte und Viscosität der organischen Verbindungen zu (wenn auch nicht in dem Ausmaß wie bei anderen Halogenen), während die Oberflächenspannung beträchtlich abnimmt. Schmelz- und Siedepunkte werden in individueller Weise mehr oder weniger verändert (vgl. Tab. 11 und 12). Völlig fluorierte Derivate, C_nF_{2n+2}, haben gemäß ihrer Molmassen und schwachen intermolekularen Kräfte sehr niedrige Siedepunkte, die Schwäche dieser Kräfte zeigt sich auch in dem sehr kleinen Reibungskoeffizienten des Polytetrafluoräthylens (Teflon), $\{CF_2-CF_2\}_n$.

Tabelle 11
Siedepunkte in °C der Fluorkohlenstoffe und Kohlenwasserstoffe der aliphatischen Reihen C_nF_{2n+2} und C_nH_{2n+2}

	n =							
	1	2	3	4	5	6	8	16
C_nF_{2n+2}	−128	−78	−38	−0,5	22	51	104	240
C_nH_{2n+2}	−161	−88	−44	−0,5	36	68	125	286

Tabelle 12
Physikalische Daten der Fluormethane und -äthane

Formel	Name	Kp(°C)	F(°C)
CH_3F	Monofluormethan, Methylfluorid	−78,5	−141,8
CH_2F_2	Difluormethan, Methylenfluorid	−51,6	
CHF_3	Trifluormethan, Fluoroform	−82,5	−160
CH_2F-CH_3	Monofluoräthan, Äthylfluorid	−37,7	−143,2
CHF_2-CH_3	1,1-Difluoräthan	−25	−117
CH_2F-CH_2F	1,2-Difluoräthan	+10,5	
CF_3-CH_3	1,1,1-Trifluoräthan	− 4,7	−107
CHF_2-CH_2F	1,1,2-Trifluoräthan	+ 3	− 84
CHF_2-CHF_2	1,1,2,2-Tetrafluoräthan	−23	
CF_3-CHF_2	Pentafluoräthan	−48,5	−103

Im Gegensatz zu anderen isomeren organischen Stoffen sind die physikalischen Eigenschaften der entsprechenden Fluorverbindungen meist gleich. Die Siedepunkte und die Brechungsindices sind identisch, so daß ihre Identifizierung und Trennung sehr schwierig ist. Die Brechungsindices organischer Fluorverbindungen liegen zum Teil unterhalb 1,30.

Organische Fluorverbindungen sind chemisch weitaus beständiger als ihre Grundkörper oder die entsprechenden Chlor-, Brom- oder Jodverbindungen. Dies gilt im besonderen Maße für vollständig fluorierte Produkte, die Fluorkohlenstoffe (auch als Perfluorkohlenstoffe bezeichnet). Diese sind in thermischer und chemischer Hinsicht außerordentlich stabil. Sie setzen sich weder mit starken Säuren oder Basen noch mit Oxydations- oder Reduktionsmitteln um, sie sind unbrennbar und nicht toxisch. Verschiedene organische Fluorverbindungen reagieren nicht einmal mit geschmolzenem Natrium.

Da sie thermodynamisch beständiger sind als ihre Grundkörper, sind vielfach organische Fluorverbindungen existenzfähig, deren Grundkörper nicht faßbar sind. Wegen ihrer außerordentlich hohen Beständigkeit sind sie weniger als Zwischenprodukte, sondern als Endprodukte wichtig.

Ihre hohe Stabilität ist im wesentlichen bedingt durch die hohe C—F-Bindungsenergie und die räumliche Anordnung.

Das Atomvolumen des Fluors ist größer als das des Wasserstoffs, aber viel geringer als das des Chlors. Während bei den Grundkörpern eine Abschirmung des Kohlenstoffskelettes durch die kleinen, tetraedrisch angeordneten Wasserstoffatome nicht möglich ist, verhindert das zu große Atomvolumen des Chlors häufig die vollständige Substitution des Wasserstoffs durch Chlor. Eine komplette Hülle von z. B. Chloratomen, welche das Kohlenstoffgerüst umgibt, besteht unter Spannungen und Abstoßungskräften, da die Chloratome für eine symmetrische, stabile Struktur von Perchloralkanen zu groß sind.

Fluor hingegen ist klein genug, um die maximale mögliche Anzahl von Fluoratomen in stabiler Anordnung unterzubringen und groß genug, um eine vollkommene Umhüllung des Kohlenstoffskelettes zu ermöglichen (s. Tab. 13).

Dadurch werden sowohl die Kohlenstoffatome als auch die Bindungen bzw. die inneren Kraftfelder gegenüber äußeren Einwirkungen geschützt, ohne daß gleichzeitig übermäßige innere Abstoßungen hervorgerufen werden.

Die meisten chemischen Reaktionen an Kohlenstoff-Strukturen beginnen bekanntlich mit dem Angriff an einem exponierten Kohlenstoff-Atom, wie z. B. bei der WALDENschen Umkehrung, oder an exponierten Bindungen oder Kraftfeldern.

Die kompakte Umhüllung mit Fluor-Atomen in den Fluorkohlenstoffen bildet aber eine solche schützende Hülle, daß die Reaktivität sehr stark reduziert ist, sogar unter Bedingungen, wo Reaktionen normalerweise stattfinden oder thermodynamisch sogar begünstigt sind. Die Stabilität dieser Fluorderivate ist der Unmöglichkeit der Oktett-Aufweitung beim Fluor zuzuschreiben und der mangelnden Fähigkeit z. B. Wasser an Fluor oder Kohlenstoff als ersten Schritt der Hydrolyse koordinieren zu können, während dies bei Chlor durch Verwendung der äußeren *d*-Orbitale möglich ist.

Schließlich besteht, da an Fluor gebundener Kohlenstoff als tatsächlich oxydiert angesehen werden kann, während er in der C—H-Bindung reduziert ist, auch keine Tendenz zur Oxydation durch Sauerstoff.

Die C—F-Bindungsenergie ist sehr hoch, aber nicht in allen Fällen gleich groß. Sie wird durch Natur und Zahl der übrigen von den betreffenden C-Atomen ausgehenden Bindungen beeinflußt. Im CF_4 ist die C—F-Bindungsenergie am höchsten, sie beträgt 486 kJ · mol^{-1} (C—H-Bindungsenergie im CH_4 415 kJ · mol^{-1}). In CHF_3 ist sie von derselben Größenordnung wie die C—H-Bindungsenergie: 408 kJ · mol^{-1}.

Wegen der in fast allen Fällen im Vergleich zur C—H-

Bindung hohen Bindungsenergie der C—F-Bindung entstehen Fluorkohlenstoffe (also die vollständig fluorierten Kohlenwasserstoffe) leicht aus den Elementen. Die stabile C—F-Bindung wird erst beim Erhitzen auf hohe Temperaturen gespalten. Demzufolge neigen Fluorkohlenstoffe bei der Pyrolyse dazu, eher an der C—C-Bindung aufzubrechen (vgl. Tab. 12).

Die C—F-Bindungslänge beträgt meist 0,131 bis 0,138 nm, z. B. in CH_3F 0,138, in CH_2F_2 0,136, in CHF_3 0,133, in CF_4 0,131 und in C_2F_6 0,133 nm.

Die Anhäufung schwerer Halogenatome an dem die C—F-Bindung tragenden C-Atom bedingt eine Abstandsvergrößerung (z. B. in $CFBr_3$ 0,144 nm), während in ungesättigten organischen Fluorverbindungen kürzere C—F-Abstände (z. B. in C_2F_4 0,130 nm) vorliegen (vgl. Tab. 13).

Tabelle 13
Bindungslängen und Bindungsenergien

Bindung	Verbindung	Bindungslänge (nm)	Bindungsenergie ($kJ \cdot mol^{-1}$)
H−F	HF	0,092	569
H−Cl	HCl	0,127	431
C−F	CF_4	0,131	486
C−Cl	CCl_4	0,176	327
C−Br	CBr_4	0,228	276
C−H	CH_4	0,109	415
C−C	C_2F_6	0,152	348
C−C	C_2H_6	0,154	331
C=C	C_2F_4	0,130	630
C=C	C_2H_4	0,135	608

Der Ionencharakter der C—F-Bindung dürfte etwa 22% betragen.

Aus dem Vergleich der verschiedenen Bindungslängen wird die Sonderstellung des Fluors besonders deutlich, die darin besteht, daß es das einzige Halogen mit einem kleineren Bindungsradius als der des C—C-Abstandes ist. Demzufolge kann Fluor den Wasserstoff in praktisch allen Kohlenwasserstoffstrukturen ersetzen, ohne dabei Spannungen oder Verzerrungen an dem Kohlenstoffgerüst zu erzeugen. Entsprechend der sehr hohen Bindungsenergien und Bindungswärmen sind diese Bindungen natürlich extrem stabil. Auch in der Tatsache, daß die C—F-Bindungsenergien etwa 80 kJ größer als die der C—Cl-, während die der C—Cl- etwa 80 kJ kleiner als die der C—H-Bindungen sind, zeigt sich die Sonderstellung des Fluors. Entsprechend ihres niedrigen Energiezustandes besitzen die meisten Fluorkohlenstoffverbindungen vom Gesichtspunkt der elektronischen Struktur betrachtet, einen stark neutralen oder unpolaren Charakter, der in Form der sehr niedrigen intermolekularen Kräfte zum Ausdruck kommt.

Da Fluor natürlich immer der elektronegativere Partner ist, führt die Anhäufung von C—F-Bindungen an einem C-Atom, von dem eine andere Kohlenstoff-Halogen-Bindung ausgeht, zur Änderung der Polarität. So verhält sich Trifluorjodmethan, CF_3J, im Gegensatz zum Methyljodid, CH_3J, wie eine Verbindung mit positivem Jod. CF_3J gibt bei der Hydrolyse CF_3H und nicht CF_3OH (neben Hypojodit) und ist nicht mehr substituierbar durch $-NH_2$, $-OH$, $-CN$, $-OR$ usw.

Wegen der stark elektronenanziehenden Wirkung der Perfluoralkylgruppen entfallen bei diesen Verbindungen viele der für Alkylhalogenide typischen nukleophilen Reaktionen, so bilden sie nicht ohne weiteres Grignard-Reagenzien.

Auch die Polarität von Doppelbindungen, die an eine CF_3-Gruppe anschließen, wird durch letztere bestimmt. Sie ist z. B. in Trifluorpropylen $CF_3 - \overset{\ominus}{C}H = \overset{\oplus}{C}H_2$ umgekehrt wie im Grundkörper Propylen $CH_3 - \overset{\oplus}{C}H = \overset{\ominus}{C}H_2$. Im übrigen behält die Doppelbindung ihren olefinischen Charakter bei. Sie ist zur Peroxidbildung sowie zur Addition von Halogen oder Halogenwasserstoff befähigt. Technisch von besonderer Bedeutung ist die Polymerisationsfähigkeit von Fluorolefinen, da die Polymerisate als oxydationsbeständige Kunststoffe und Hochtemperaturschmiermittel verwendet werden, z. B. Polytetrafluoräthylen = PTFE = Teflon: $[CF_2-CF_2]_n$ oder Polytrifluorchloräthylen = Kel-F: $[CF_2-CFCl]_n$.

Durch größere Beständigkeit zeichnen sich auch die Verbindungen aus, bei denen stark elektronegative Elemente, Halogen oder Heteroatome wie Cl, O, N, oder auch funktionelle Gruppen, wie $-COOH$, $>C=O$, $-CN$, $-SH$, $-SO_3H$, direkt an die Perfluororeste $-CF_3$, $-CF_2-$ bzw. $CF_3(CF_2)_n-$ gebunden sind. Benachbarte Perfluorkohlenstoffgruppen wirken stets stabilisierend auf die C—Hal- bzw. C-Hetero-Bindung. Dagegen sind einzelne Halogen- oder Heteroatome, die von einer stabilisierenden Perfluorgruppe z. B. durch $-CH_2$-Gruppen getrennt sind, weniger fest, aber immer noch stärker gebunden als in ihren Grundkörpern.

So konnte gemäß der Reaktivität dieser funktionellen Gruppen eine synthetische Chemie von Fluorkohlenstoff-Derivaten aufgebaut werden, deren Grundlage die Stabilität und Flüchtigkeit der Perfluorkohlenstoffkette bildet.

Die Eigenschaften der Wasserstoff enthaltenden Fluorverbindungen, die formal Übergangsglieder zwischen den Grundkörpern und den voll fluorierten Stoffen sind, richten sich nach Zahl und Lage der Fluoratome sowie nach Natur und Stellung anderer Substituenten. Die Gegenwart von Wasserstoff erhöht den polaren Charakter einer voll fluorierten Verbindung. Dielektrizitätskonstante, Brechungsindex und Siedepunkt steigen, während Schmelzpunkt und Dichte im allgemeinen erniedrigt werden.

Gebundener Wasserstoff wird durch Fluor stabilisiert, er ist weniger reaktionsfähig als in den Grundkörpern. Infolge der starken Elektronegativität des Fluors ist Wasserstoff in C—H-Bindungen, die Fluorgruppen benachbart sind, deutlich sauer. Er kann als Proton leicht entfernt werden, ist aber schwer substituierbar. Befindet sich aber der Wasserstoff an demselben C-Atom, von dem die C—F-Bindungen ausgehen, so ist er weniger stabilisiert, also leichter substituierbar und kaum sauer.

Wenig beständig sind auch Fluorverbindungen, wenn, wie im Falle der Monofluor- oder 1,2-Difluoralkane, an einem C-Atom jeweils nur ein F-Atom gebunden vorliegt. Hierbei führen oft Spuren von Wasser oder Säuren bzw. Temperaturen oberhalb 60—70 °C zur HF-Abspaltung. Denn obwohl die C—F-Bindungsenergie sehr hoch ist, sind doch diese organischen Fluorverbindungen wegen der noch höheren HF-Bindungsenergie thermodynamisch nicht besonders stabil.

Etwas stabiler wiederum wird die Bindung des einsamen Fluoratoms, wenn es an ein ungesättigtes Kohlenstoffatom gebunden ist. Dies gilt sowohl für aliphatisch als auch aromatisch gebundenes Fluor.

26.2. Eigenschaften aromatischer Fluorverbindungen

Bei Fluorierung aromatischer Verbindungen in der Seitenkette bleibt der aromatische Charakter erhalten. Die Trifluormethylgruppe, $-CF_3$, wirkt als Substituent zweiter Ordnung.

Die aromatischen Eigenschaften werden durch Substitution von Kernwasserstoffen durch Fluor geschwächt infolge der hohen C—F-Bindungsenergie, während die physikalischen Eigenschaften häufig denen ihrer Grundkörper ähnlich bleiben. Der Siedepunkt (vgl. Tab. 14) wird nur geringfügig beeinflußt, die Dichte steigt an, Brechungsindex und Oberflächenspannung nehmen ab.

Fluor am aromatischen Kern wirkt als Substituent erster Ordnung, wobei die *p*-Stellung begünstigt wird. Nitrogruppen am Kern bewirken eine gewisse Lockerung der C—F-Bindung.

Die Reaktionen anderer mit dem Benzolkern verbundener funktioneller Gruppen werden durch die Gegenwart eines Fluoratoms im allgemeinen nicht gestört. So lassen sich die Nitrofluorbenzole glatt zu Fluoranilinen reduzieren. Die Aminogruppe läßt sich wie üblich acylieren, alkylieren, diazotieren und kuppeln. Die Grignardierung von Bromfluoraromaten ermöglicht die Einführung von

Tabelle 14
Siedepunkte aromtischer Fluorverbindungen im Vergleich zu ihren Grundkörpern

Verbindung	Kp (°C)	Verbindung	Kp (°C)
	80,1	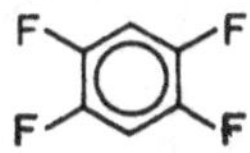	90
	84,8	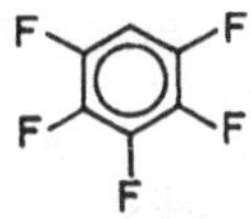	88,5
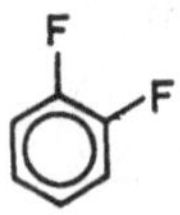	91,5		81,5
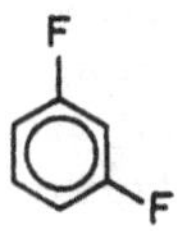	82,5	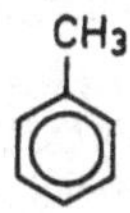	110,6
	88,5	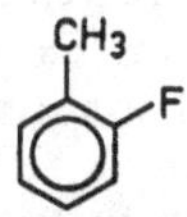	114
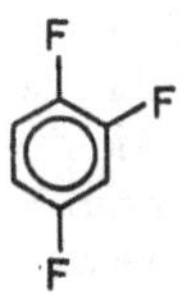	88	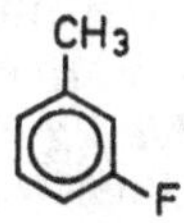	116
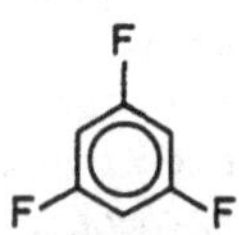	75		117

Tabelle 14
Fortsetzung

Verbindung	Kp (°C)	Verbindung	Kp (°C)
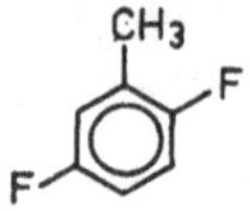	115		138,4
	102,3		117

Fluorarylresten, da nur das Brom, nicht aber das Fluor, mit Magnesium reagiert.

Kondensationsreaktionen, wie FRIEDEL-CRAFTS-Reaktionen, REIMER-THIEMANN-Synthesen und Umsetzungen mit Benzaldehydderivaten, verlaufen mit Fluoraromaten in normaler Weise. Nur in Ausnahmefällen beeinflußt das gebundene Fluor den Reaktionsverlauf. So wird 4-Fluor-2,6-dibrom-anisol von Salpetersäure nicht nitriert, sondern zu Dibromchinon oxydiert, und der Abbau von o-Fluorbenzamid nach HOFMANN und CURTIUS wird durch das o-Fluoratom behindert. Die Anwesenheit von Fluoratomen erleichtert die Oxydation von aromatischen Ringen. Bei der Oxydation von Diphenyl- und Naphthalinderivaten wird häufig der fluorhaltige Kern leichter angegriffen als der fluorfreie. Ein Fluoratom am Benzolkern ist fester gebunden als ein Chloratom. Wenn es aber in *o*- oder *p*-Stellung zu einem negativen Substituenten, z. B. der Nitro- oder Trifluormethylgruppe steht, läßt es sich leicht durch Hydrierung abspalten oder durch Äthoxyl ersetzen. In den Fluor-chlor-benzolen wird das Fluor leichter als das Chlor gegen Äthoxyl ausgetauscht.

26.3. Methoden zur Darstellung organischer Fluorverbindungen

Zur Synthese fluororganischer Verbindungen gibt es eine Reihe von Verfahren, von denen aber nur wenige technische Bedeutung haben.

26.3.1. Fluorierung mit elementarem Fluor

Bei der explosionsartig verlaufenden Reaktion zwischen Fluor und Kohlenstoff konnten erstmals im Jahre 1930 geringe Mengen an CF_4, C_2F_6, C_3F_8 und sehr wenige Homologe bis C_6F_{14} erhalten werden. Später wurde gefunden, daß Quecksilber als Katalysator diese Reaktion weniger heftig und unter Bildung etwas größerer Anteile an Fluorkohlenstoffen von CF_4 bis C_7F_{16} verlaufen läßt.

Die Darstellung höherer Kohlenstofffluoride durch direkte Reaktion von Kohlenwasserstoffen mit Fluor oder inertgasverdünntem Fluor ist zwar prinzipiell möglich, aber doch unbefriedigend, da die hierbei freiwerdende Energie stets größer als die Energie der C—C-Bindung (ca. 331 kJ) ist. Die Folge davon ist ein weitgehender Zusammenbruch des Kohlenstoffskeletts der Ausgangssubstanzen unter vorrangiger Bildung von CF_4 und HF, als den thermodynamisch stabilsten Produkten:

z. B. $C_7H_{16} + 22F_2 \rightarrow 7CF_4 + 16HF; \quad \Delta H = -9220\ \text{kJ}$

Die Ausbeute an fluorierten Produkten ist etwas größer, wenn die Fluorierung organischer Verbindungen in einem relativ inerten Lösungsmittel, wie z. B. CCl_4, CF_2Cl_2, HF, HSO_3F, Eisessig oder sogar Wasser! unter guter Wärmeableitung und mit N_2-verdünntem Fluor durchgeführt wird.

Unter diesen Bedingungen kann die Kohlenstoffkette bisweilen erhalten bleiben, z. B.:

$$C_7H_{16} + 16F_2 \rightarrow C_7F_{16} + 16HF; \qquad \Delta H = -6720\ \text{kJ}$$

Wie aus den folgenden Beispielen

Reaktionstyp	ΔH(kJ · mol^{-1})			
	X = F	Cl	Br	J
$C{=}C + X_2 \rightarrow CX{-}CX$	−449	−139	−79	+ 5
$C{-}H + X_2 \rightarrow C{-}X + HX$	−429	− 96	−26	+57

ersichtlich ist, betragen die bei Fluorierungsreaktionen frei werdenden Wärmemengen ein Mehrfaches der bei Chlorierungen auftretenden Wärmetönungen, so daß auch gebundenes Chlor gegen Fluor ausgetauscht werden kann.

Bei der Einwirkung von elementarem Fluor auf organische Verbindungen können die folgenden Reaktionen vonstatten gehen, die alle nach einem Radikal-Kettenmechanismus verlaufen:

- Austausch von Wasserstoff gegen Fluor:

$$R{-}H \xrightarrow{F_2} R{-}F + HF$$

- Austausch von Halogen gegen Fluor:

$$R{-}Cl \xrightarrow{F_2} R{-}F + ClF$$

- Anlagerung von Fluor an die Mehrfachbindung:

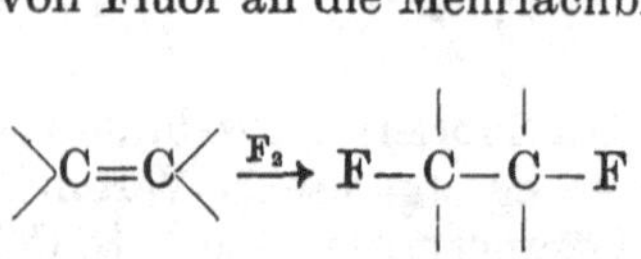

- Kondensation von gesättigten Molekülen unter Abspaltung von Wasserstoff in Form von Fluorwasserstoff:

$$R{-}H \;\; H{-}R \xrightarrow{F_2} R{-}R + 2HF$$

- dimerisierende Addition von Äthylenderivaten unter

Anlagerung zweier Fluoratome in 1,4-Stellung:

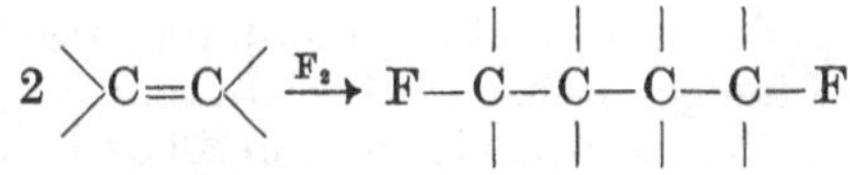

- Spaltung des Kohlenstoffskeletts
- Polymerisation

Bei dem Austausch von Chlor (bzw. Halogen) gegen Fluor kommt noch hinzu, daß das entstehende ClF (bzw. Halogenfluorid) sich sowohl an Doppelbindungen anlagern als auch chlorierend wirken kann, wodurch die Anzahl der möglichen Produkte steigt.

Einigermaßen kontrollierbar ist der Umsatz bei der sog. „katalytischen Fluorierung", die zur Darstellung von Fluorkohlenstoffen und auch fluorierten Verbindungen mit reaktiven Gruppen herangezogen wird. Hierbei wird die dampfförmige organische Komponente im Gemisch mit stickstoffverdünntem Fluor in einem Reaktionsrohr, das vergoldete oder versilberte Kupfergaze enthält, auf 100—300 °C erhitzt. Es ist anzunehmen, daß bei der katalytischen Fluorierung die direkten Reaktionen von Fluorradikalen dadurch zurückgedrängt werden, daß das Fluor zunächst mit dem Metallüberzug unter Bildung höherwertiger Gold- oder Silberfluoride reagiert. Diese erst wirken dann auf die organische Verbindung ein, während die Kupfermasse die Reaktionswärme weiterleitet und abführt.

Heute arbeitet man mit senkrecht stehenden, elektrisch beheizten Rohren, die von den Reaktionspartnern von oben nach unten durchströmt werden. Die Rohre sind oft mit einem Sumpf zum Ablassen der hochsiedenden Produkte versehen und durch zusätzliche Vorrichtungen zum Verdampfen des flüssigen Ausgangsmaterials und Regelung der Durchsatzmengen vervollständigt (Abb. 9).

Durch Variation der Reaktionsbedingungen ist es gelungen, den Fluorierungsgrad und die bevorzugte Bildung gesuchter Produkte bis zu einem gewissen Grad zu beeinflussen. Deshalb hat die Gasphasenfluorierung an präparativer Bedeutung heute die kaum zu regelnde Fluorierung in flüssiger Phase in den Hintergrund gedrängt. Vor allem erfolgt die Anlagerung von Fluor an die Doppelbindung sehr leicht und ermöglicht auch die vollständige Absättigung von mehreren Doppelbindungen im Molekül besser als bei der Fluorierung in der flüssigen Phase. Demzufolge tritt bei Aromaten die Absättigung der Doppelbindungen zuerst ein, danach werden die H-Atome sub-

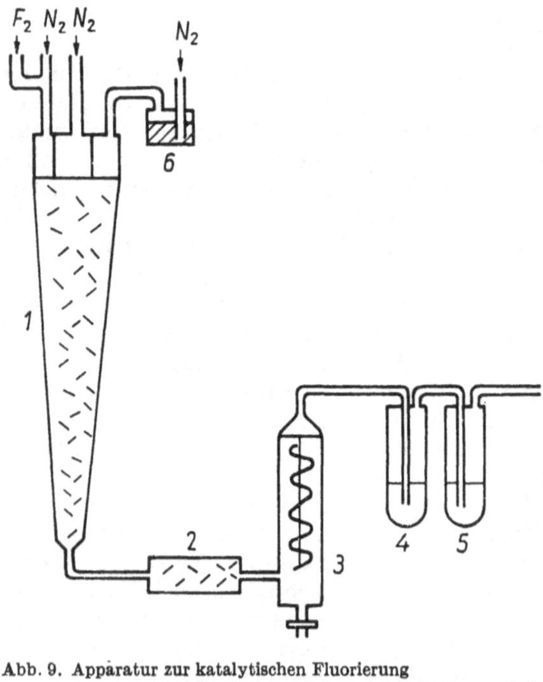

Abb. 9. Apparatur zur katalytischen Fluorierung
1 u. *2* – Reaktoren, *3* – Fraktioniereinrichtung mit Sumpf für hochsiedende Produkte, *4* u. *5* – Auffanggefäße, *6* – Verdampfer für flüssige Ausgangsprodukte

stituiert. Natürlich sind auch diese Umsetzungen stets von Spaltungs-, Dimerisierungs-, Cyclisierungs- und Polymerisationsreaktionen begleitet.

26.3.2. *Fluorierung mit Halogenfluoriden*

Von den Halogenfluoriden haben ClF_3, ClF, JF_5 und bedingt BrF_3 sowie BrF_5 Interesse als Fluorierungsmittel gefunden. Mit Ausnahme von JF_5 reagieren diese Halogenfluoride mit wasserstoffhaltigen organischen Verbindungen meist explosionsartig und unkontrollierbar. Mit halogensubstituierten organischen Verbindungen verlaufen die Reaktionen wesentlich gemäßigter.

Der direkte Umsatz erfolgt in den meisten Fällen nach einem radikalischen Mechanismus, wobei im Reaktionsgemisch die Ausbildung der radikalischen Zustände der reagierenden Spezies erfolgt. Dabei werden in die organische Komponente von den beteiligten Halogenatomen die mit der höchsten Elektronegativität eingeführt. Radikalmechanismen finden vor allem bei Reaktionen in der Gasphase statt, dabei werden diese Umsetzungen analog der Gasphasenfluorierung mit elementarem Fluor bei Inertgas-Verdünnung und Kühlung durchgeführt. Unter der Voraussetzung, daß dabei die Reaktionspartner, stickstoffverdünnt, mit Geschwindigkeiten bis 100 m/sec in den Reaktionsraum eingedüst werden, lassen sich z. B. mittels ClF_3 sogar Äthen in gesättigte Chloro-Fluoroäthane und Benzol oder Toluol in Fluor- und Chlorbenzol bzw. o- und p-Toluole überführen, ohne daß eine wesentliche H-Substitution stattfindet (Abb. 10).

Auch kann minderwertige Kohle in einem Einstufen-Verfahren mit N_2-verdünntem Chlortrifluorid in hochhalogenierte Produkte überführt werden, die unter Normaldruck im Bereich zwischen 150 und 350 °C sieden und 25% Kohlenstoff, 65% Fluor und 7% Chlor enthalten. Solche Produkte haben die Eigenschaften von Perfluorkohlenstoffen und werden u. a. als Wärmeüberträger, Schmiermittel und Dielektrika verwendet.

Werden die Umsetzungen mit Halogenfluoriden in einem Lösungsmittel mit relativ hoher Dielektrizitätskonstante durchgeführt, erfolgen Substitutions- und Additionsreaktionen nach einem Ionenmechanismus. In einem solchen Lösungsmittel, das natürlich auch genügend inert

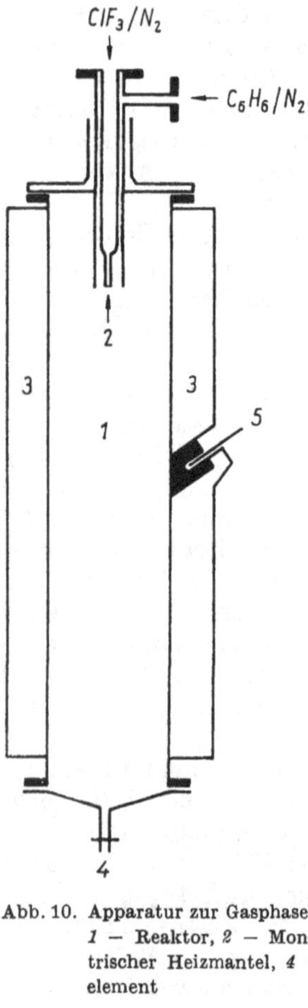

Abb. 10. Apparatur zur Gasphasenfluorierung mit ClF_3 nach SCHIEMANN
1 – Reaktor, *2* – Moneldüse mit ca. 3 mm Durchmesser, *3* – elektrischer Heizmantel, *4* – Auslaß der Reaktionsgase, *5* – Thermoelement

sein muß, wird die heterolytische Dissoziation des Interhalogens gefördert. Das trifft besonders auf die zweiatomigen Halogenfluoride, JF, BrF und ClF zu, die auf Grund der Negativitätsunterschiede bereits polaren Charakter besitzen. Aber auch unpolare Molekeln mit geringer Eigendissoziation, wie ClF_3, zeigen elektrophile Substitution, wenn die Reaktion bei gleichzeitiger Anwesenheit eines Fluoridionenakzeptors (A) wie BF_3, SbF_5, AsF_5, PF_5 oder CoF_3 durchgeführt wird. Es ist anzunehmen, daß die in diesem Falle erfolgende Halogenierung über intermediäre Komplexe $[ClF_2]^+ [AF]^-$ und damit über das $[ClF_2]^+$-Kation verläuft.

Natürlich können bei einer Reaktion in flüssiger Phase, je nach den Eigenschaften des Halogenfluorids, der Dielektrizitätskonstante oder Donorzahl des Lösungsmittels, der Art des Katalysators bzw. der Temperatur infolge homolytischer oder heterolytischer Dissoziation des Interhalogenmoleküls, Radikal- und Ionenmechanismen nebeneinander ablaufen.

Da schließlich bereits auf diesem Wege in die organische Komponente eingeführtes Halogen (Cl, Br, J) durch überschüssiges Halogenfluorid noch gegen Fluor ausgetauscht werden kann, resultiert daraus eine große Zahl von Reaktionsprodukten. Dadurch erschwert sich auch die Aufstellung von Reaktionsmechanismen.

26.3.3. Fluorierung mit höherwertigen Schwermetallfluoriden

Wie schon bei der katalytischen Dampfphasen-Fluorierung erwähnt, geben Fluoride von Metallen in höheren Wertigkeitsstufen bei erhöhten Temperaturen einen Teil ihres Fluors leicht an organische Verbindungen ab und gehen dabei in Fluoride der normalen Wertigkeitsstufen über. Derartige Fluoride sind z. B. CoF_3, AgF_2, MnF_3, CeF_4 und PbF_4.

Man erhält diese Fluoride durch Überleiten von Fluor über die erhitzten niederwertigen Fluoride, Chloride oder Oxide.

Sie reagieren zwischen 100 und 400 °C direkt mit der organischen Substanz, ohne daß das „aktive“ Fluor, infolge vorgelagerter thermischer Zersetzung der höherwertigen Fluoride, in elementarer Form auftritt:

$$>\!C{-}H + 2MF_n \rightarrow\ >\!C{-}F + HF + 2MF_{n-1}$$

$$>\!C{=}C\!< + 2MF_n \rightarrow F{-}\overset{|}{\underset{|}{C}}{-}\overset{|}{\underset{|}{C}}{-}F + 2MF_{n-1}$$

Da das nach Übergang in die niedere Wertigkeitsstufe verbrauchte Metallfluorid mittels elementarem Fluor wieder leicht in die höhere Wertigkeitsstufe überführt werden kann:

$$2MF_{n-1} + F_2 \rightarrow 2MF_n$$

verkörpern diese Fluoride gewissermaßen „elementares Fluor in fester, bequem und gefahrlos zu handhabender Form“.

Tatsächlich lassen sich mit ihnen die gleichen Fluorierungsreaktionen wie mit elementarem Fluor durchführen, jedoch unter wesentlich milderen und experimentell durchaus beherrschbaren Bedingungen. Denn die hierbei freiwerdenden Energiebeträge sind kleiner als bei der direkten Fluorierung. Infolgedessen treten unerwünschte Nebenreaktionen, wie Molekelspaltungen und Polymerisationen im weitaus geringeren Maße auf als bei der Umsetzung mit elementarem Fluor. Dadurch werden entsprechend höhere Ausbeuten an den gesuchten Perfluorverbindungen erzielt. Ein nicht unwesentlicher Vorteil dieses „Metallfluorid-Prozesses“ liegt darin, daß man die Herstellung und Regenerierung der anorganischen Fluoride mit ungereinigtem Fluor ausführen kann und den darin enthaltenen Sauerstoff nicht zu entfernen braucht.

Die Fluorierung organischer Verbindungen mit den höherwertigen Metallfluoriden kann entweder in flüssiger Phase oder in der Dampfphase durchgeführt werden.

Im ersten Falle erhitzt man die flüssige organische Substanz, zuweilen in Gegenwart eines Verdünnungsmittels, mit dem gelösten oder suspendierten Metallfluorid auf die zur Umsetzung erforderliche Temperatur.

Bei der allgemein anwendbaren Fluorierung in der Dampfphase werden die Dämpfe der zu fluorierenden Verbindung über das erhitzte Metallfluorid geleitet. Bei tief siedenden Ausgangsmaterialien ist dieses Verfahren das allein anwendbare.

Die mit dieser Fluorierungsmethode erzielbaren Umsetzungen sind:

- der Austausch von Wasserstoff gegen Fluor
- der Austausch anderer Halogenatome gegen Fluor und
- die besonders leicht verlaufende Anlagerung von Fluor an Doppelbindungen.

Von allen genannten Fluoriden hat sich CoF_3 am besten bewährt, vor allem für Umsetzungen in der Dampfphase. Diese Fluorierungsmethode ist während des zweiten Weltkrieges in den USA im Rahmen des Manhattan-Programms ausgearbeitet worden. Der Reaktor besteht aus einem Kupferrohr mit einer zentrischen, mit Schaufeln versehenen Welle, wodurch eine ständige Erneuerung der Oberfläche des noch unverbrauchten Fluorierungsmittels möglich ist (Abb. 11).

Durch die Reaktion bei hohen Temperaturen bis zu 400 °C werden alle aliphatischen, alicyclischen und aromatischen H-Atome durch Fluor ersetzt und Doppelbindungen abgesättigt. Unter diesen Bedingungen verhalten sich die olefinischen genau so wie die aromatischen Doppelbindungen. So wird z. B. Perfluorcyclohexan sowohl aus Cyclohexan und Cyclohexen als auch aus Benzol erhalten. Die Nebenprodukte der Fluorierung mit CoF_3 sind unvollständig fluoriertes Material und kurzkettige Fragmente, die durch Auseinanderbrechen von C—C-Bindungen entstehen. Unter milden Bedingungen kann das unvollständige fluorierte Material, das noch Wasserstoff und Doppelbindungen enthalten kann, zum Haupt-

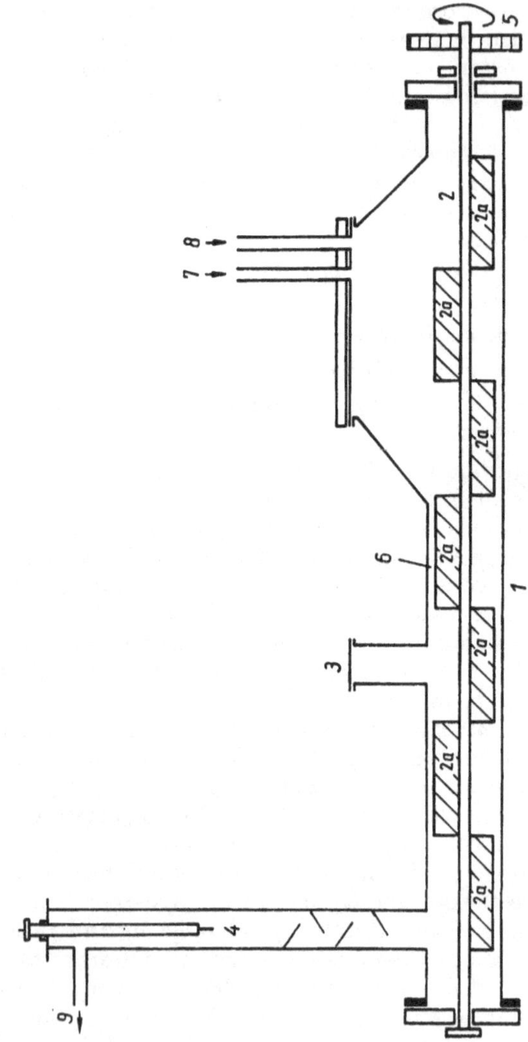

Abb. 11. Apparatur zur Fluorierung mit CoF_3

1 – beheizbarer Reaktor, zur Hälfte gefüllt mit CoF_3, *2* – Wellrad mit Schaufeln (*2a*), *3* – Beobachtungsöffnung, *4* – Hochspannungs-Staubabscheider, *5* – Wellenantrieb, *6* – Thermoelement, *7* – Einlaß der zu fluorierenden Verbindung, *8* – Fluoreinlaß, *9* – Auslaß

produkt werden. Während Polymerisationen kaum verursacht werden, verbleiben funktionelle Gruppen meist nicht im Molekül.

26.3.4. Fluorierung durch Halogen-Austauschreaktionen

Die wohl wichtigste Methode zur Einführung von Fluor in organische Verbindungen besteht im Austausch von Halogenatomen gegen Fluor, wobei Jod am leichtesten, Chlor am schwierigsten ausgetauscht wird. Dennoch geht man in der Praxis bevorzugt von den billigeren und leichter zugänglichen Chlorverbindungen aus. Als Fluorierungsmittel können Fluorwasserstoff und verschiedene anorganische Metallfluoride verwendet werden. Diese Umsetzungen sind sowohl in flüssiger Phase unter Druck, als auch in der Gasphase möglich. Die Wahl richtet sich nach der Reaktionsfähigkeit des Chloratoms, die je nach Art der C—Cl-Bindung außerordentlich verschieden ist. So läßt sich eine mit einem Benzolkern verbundene Trichlormethylgruppe mittels Fluorwasserstoff in die Trifluormethyl-Verbindung überführen. Dagegen läßt sich die Dichlormethylgruppe allein mit Fluorwasserstoff nicht fluorieren.

Ebenso wie ein Benzolkern macht auch eine benachbarte Doppelbindung die Chloratome einer Trichlormethylgruppe reaktionsfähiger, sofern die durch die Doppelbindung verbundenen Kohlenstoffatome einige Halogenatome tragen. Auch eine zwischen zwei Alkyl- oder Arylgruppen stehende Dichlormethylen-Gruppe läßt sich noch leicht mittels HF in die Difluormethylen-Gruppe überführen. Abgesehen von Verbindungstypen mit besonders gelockerten bzw. polarisierten Chloratomen erfordert der Austausch von Chlor gegen Fluor mit Fluorwasserstoff die Anwesenheit eines Katalysators. Es gibt aber auch Verfahren, bei denen in Abwesenheit von Fluorwasserstoff der Cl—F-Austausch mittels eines Metallfluorids bewirkt wird. Die Technik arbeitet fast ausschließlich mit wasserfreiem Fluorwasserstoff in Gegenwart von Katalysatoren.

26.3.4.1. Austausch von wenig polarisierten C—Cl-Bindungen in homogener Phase:

Die besten Katalysatoren für eine Reaktion in homogener Phase sind, wie bereits vor 80 Jahren von F. SWARTS gefunden wurde, Chlorofluoride des fünfwertigen Antimons. Sie sind in der Lage, den Cl—F-Austausch an C—Cl-Bindungen herbeizuführen und werden durch HF während der Reaktion kontinuierlich nachfluoriert. Dabei bedient man sich mehrerer Fluorierungsstufen, die entweder aus dem vorliegenden Antimonpentachlorid oder aus einem Antimontrichlorid/Chlor-Ausgangsmaterial gewonnen werden:

z. B. $SbCl_5 + HF \rightarrow SbCl_4F + HCl$

$$SbCl_5 + 3\,HF \rightarrow SbCl_2F_3 + 3\,HCl$$

$$SbCl_3 \xrightarrow[110\,°C,\,30\,bar]{Cl_2,\,HF} SbCl_2F_3 + 3\,HCl$$

Diese Verbindungen zeichnen sich dadurch aus, daß sie im geschmolzenen Zustand oder in wenig polaren Lösungsmitteln sich über F-Brücken unter Ausbildung der Koordinationszahl 6 zu größeren Komplexen zusammenlagern. Derartige Komplexe spielen auch, wie erst in jüngster Zeit gezeigt werden konnte, im Austauschmechanismus eine entscheidende Rolle. So werden Ausgangsverbindungen wie CCl_4, $CHCl_3$ und C_2Cl_6 u. a. mittels der SWARTS-Katalysatoren und HF in die technisch wichtigen Freone CCl_3F, CCl_2F_2, $CClF_3$, $CHClF_2$ und $CF_2Cl{-}CFCl_2$ u. a. gemäß folgender Bruttogleichungen überführt:

$$SbCl_4F + CCl_4 \rightarrow CCl_3F + SbCl_5$$

$$SbCl_2F_3 + 2\,CCl_4 \rightarrow CCl_3F + CCl_2F_2 + SbCl_5$$

$$SbCl_2F_3 + R{-}CHCl_2 \rightarrow R{-}CHF_2 + SbCl_4F$$

Der sukzessive Cl—F-Austausch ist abhängig von den sich steigernden Reaktionsbedingungen, doch ist selbst unter drastischen Verhältnissen die Überführung von z. B. CCl_4 in CF_4 nicht möglich.

Der Reaktionsmechanismus ist natürlich komplexer. Er verläuft z. B. bei der Umsetzung von $SbCl_4F$ mit CCl_4 nach einer SN2-Reaktion gemäß:

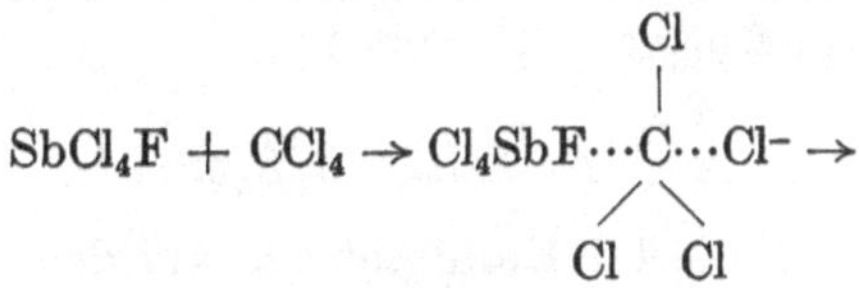

$$\{Cl_4Sb^+FCCl_3\} + Cl^- \rightarrow SbCl_5 + CCl_3F$$

Ein analoger Übergangskomplex wird auch von L. Kolditz u. Mitarb. für den Umsatz mit $SbCl_2F_3$ angenommen:

$$SbCl_2F_3 + CCl_4 \rightarrow Cl_2F_2SbF\cdots CCl_4$$

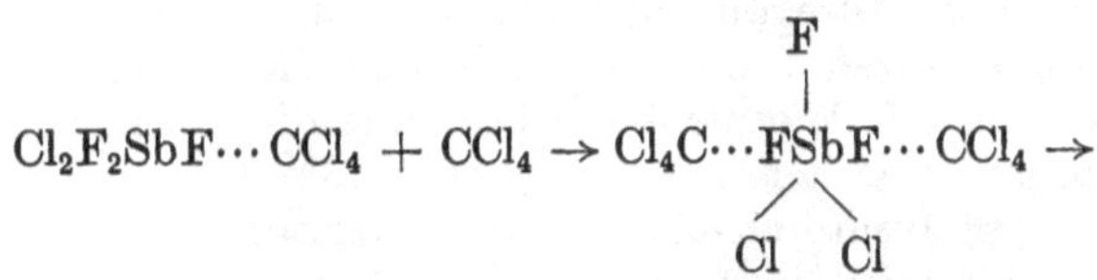

$$Cl_4C\cdots FSbCl_2F^+ + CCl_3F + Cl^-$$

$$Cl_4C\cdots FSbCl_2F^+ + Cl^- \rightarrow Cl_4C\cdots FSbCl_3F$$

Bei der technischen Freon-Darstellung arbeitet man mit dampfbeheizten Stahlautoklaven bei Temperaturen von 50 bis 150 °C.

Die Autoklaven sind mit einem wassergekühlten Rückflußkühler ausgerüstet. Beim ersten Ansatz werden sie mit den Reaktanten HF, C—Cl-Verbindung und Antimon(V)-chlorid (bzw. $SbCl_3 + Cl_2$) beschickt, bei den folgenden Ansätzen brauchen dann nur noch durch Austrag verursachte Katalysatorverluste ergänzt zu werden. Die flüchtigen Reaktionsprodukte werden bei einem Druck von etwa 30 bar abgegast, in mit Wasser bzw. Lauge berieselten Türmen säurefrei gewaschen, dann mit konz. Schwefelsäure getrocknet, durch Kompression verflüssigt und durch Druckfraktionierung bei 6 bis 8 bar in die einzelnen Komponenten zerlegt. Das schematische Fließbild einer solchen Anlage zeigt Abb. 12.

26.3.4.2. Heterogener Austausch im System fest—gasförmig

Die Wirkung fester Katalysatoren auf den Austausch an C—Cl-Verbindungen wird in der Regel im Temperaturgebiet um 300 °C merklich. Technisch wird bei Temperaturen von 300 bis 500 °C gearbeitet. Diese Reaktion bedarf also einer im Vergleich zur Homogenkatalyse mit Antimonkatalysatoren relativ hohen Anregung. Trotzdem aber sind gegenüber der Homogenkatalyse Vorteile vorhanden, die in der üblichen Reaktoranordnung für heterogen-katalytische Reaktionen und in der leichten Variabilität der Anregungsbedingungen in verhältnismäßig großen Grenzen bestehen. Auch sind die Katalysatoren über lange Zeiträume belastbar und die Raumzeitausbeute ist höher als im Antimonverfahren.

Die Katalysatoren sind Fluoride oder anfluorierte Oxide ohne oder mit Träger, wobei diese selbst aus Fluoriden, wie AlF_3, bestehen oder aus anderen Materialien, wie z. B. Aktivkohle. Das zum Austausch notwendige Fluor wird kontinuierlich in Form von HF zugeführt, so daß wie bei der Durchführung des homogenen Austausches HF in HCl umgewandelt wird:

$$-\overset{|}{\underset{|}{C}}-Cl + HF \xrightarrow{\text{Katalysator}} -\overset{|}{\underset{|}{C}}-F + HCl$$

Bei diesen Reaktionen ist bezüglich des Mechanismus noch nicht geklärt, ob HF das fluorierte Produkt von der

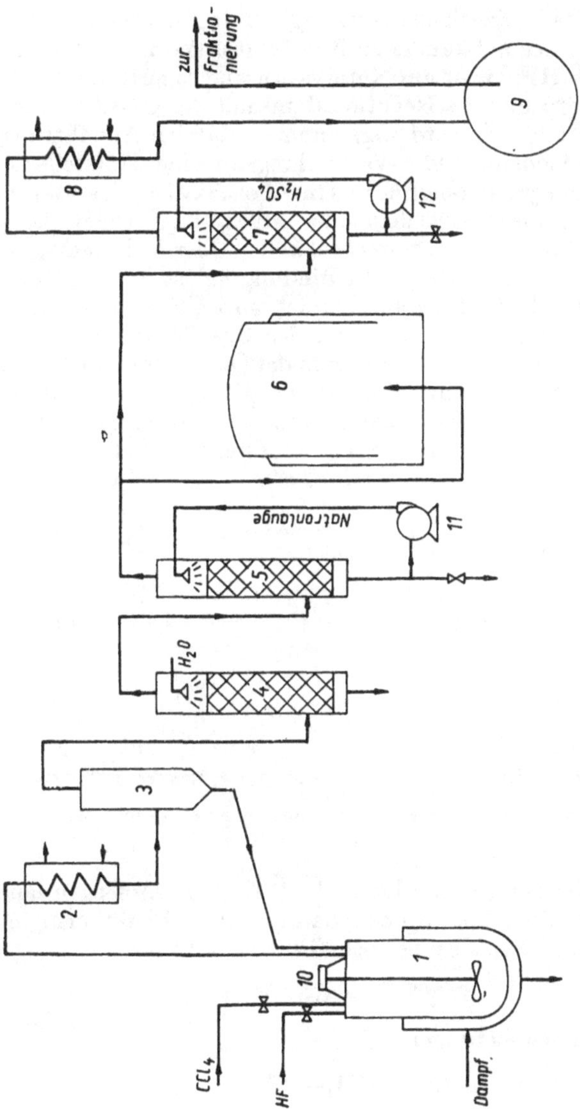

Abb. 12. Schematisches Fließbild einer Anlage zur Herstellung von Freonen
1 – Reaktor, dampfbeheizt, *2* – Kühler, *3* – Trenngefäß, *4* u. *5* – Waschtürme, *6* – Gasometer, *7* – Trockenturm, *8* – Kühler, *9* – Vorratsbehälter, *10* – Rührer, *11* u. *12* – Umlaufpumpen

Katalysatoroberfläche verdrängt unter gleichzeitiger Umsetzung des entstandenen Katalysatorchlorids in Fluorid oder ob HF zuerst am Katalysator angelagert, d. h. aktiviert wird und die Reaktion dann mit der C—Cl-Verbindung erfolgt. Es wird angenommen, daß bei Annäherung der Kohlenstoff-Chlor-Verbindung an eine Störstelle in der Katalysatoroberfläche eine Polarisation der C—Cl-Bindung unter anschließender Anlagerung erfolgt. Daraufhin findet ein Platzwechsel in der Oberfläche statt, indem die polarisierte C—Cl-Bindung gelöst und eine stabilere C—F-Bindung ausgebildet wird. Die neu gebildete Molekel wird durch HF von der Oberfläche verdrängt. Das Proton vom HF wandert in der Oberfläche zum Chlor, das zurückbleibende Fluoridion wird in der Oberfläche gebunden, und HCl spaltet sich ab. Der ursprüngliche Zustand wäre dann wieder hergestellt und der Zyklus könnte erneut beginnen (Abb. 13).

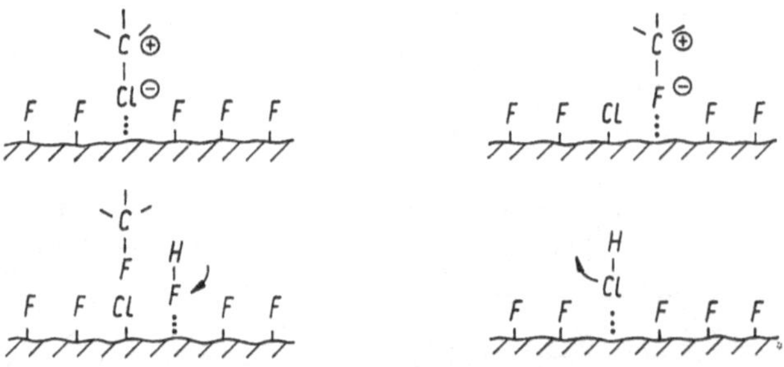

Abb. 13. Schema des Austauschvorganges an einer Katalysatoroberfläche (nach KOLDITZ u. Mitarb.)

Neben der gewünschten Cl—F-Austauschreaktion laufen bei allen heterogenen katalytischen Reaktionen im System fest-gasförmig noch Dismutierungen

z. B. $$2\,C_2Cl_3F_3 \rightleftharpoons C_2Cl_2F_4 + C_2Cl_4F_2$$

und Isomerisierungen

z. B. $CCl_2F{-}CClF_2 \rightleftharpoons CCl_3{-}CF_3$

gleichzeitig ab, so daß sich die Zahl der möglichen Produkte, katalysatorabhängig, noch erhöht.

Es können Bedingungen gefunden werden, unter denen bestimmte Isomere in praktisch reiner Form entstehen. Aus der thermodynamischen Betrachtung folgt für die Verbindungen der C_2-Reihe, daß die Bildung der asymmetrischen Isomeren begünstigt ist vor der Bildung der symmetrischen Verbindungen, also $CClF_2-CCl_3$ vor CCl_2F-CCl_2F. Doch die Praxis zeigt, daß vor allem bei den höher fluorierten Verbindungen die Bildung der asymmetrischen Isomeren kinetisch gehemmt ist. Es tritt eine deutliche Abstufung der Reaktivität der Chloratome in der Reihenfolge

$$R-CCl_3 > R-CCl_2F \gg R-CClF_2$$

ein. Der Einfluß von $R = -CCl_{3-n}F_n$ ist dabei von sekundärer Bedeutung. Die Ursache für die Abstufung der Reaktivität oder für die unterschiedlichen Aktivierungsenergien des Cl—F-Austausches bei den genannten Gruppen liegt in erster Linie bei den Halogensubstituenten am Reaktions-C-Atom, die nicht ausgetauscht werden. In diesem Zusammenhang ist interessant, daß bei $R = Cl$ die Reaktivität wesentlich heraufgesetzt wird. Alle Verbindungen der C_1-Reihe sind unter milderen Bedingungen herstellbar oder mit weniger aktiven Katalysatoren als Verbindungen der C_2-Reihe, also solchen mit C—C-Bindung.

Bei Temperaturen oberhalb 400 °C treten an den Katalysatoren besonders bei längeren Verweilzeiten zunehmend Pyrolyseerscheinungen auf.

26.3.4.3. Austausch mittels Metallfluoriden in Abwesenheit von Fluorwasserstoff

Auch ohne die Anwesenheit von Fluorwasserstoff lassen sich Metallfluoride zum Cl-F-Austausch einsetzen. Die Triebkraft für eine Umsetzung

$$R-Cl + MF \rightleftharpoons R-F + MCl$$

hängt einerseits vom Unterschied der C—Cl- und C—F-Bindungsenergien und andererseits vom Unterschied der Freien Energien von MF und MCl ab, der ungefähr gleich dem Unterschied der Gitterenergien ist. Da die Gitterenergien umgekehrt proportional den Ionen-Ionen-Abständen sind, ist die Zunahme der Freien Energie bei der Bildung von *M*F aus *M*Cl proportional der Differenz der reziproken Summen der Ionenradien von *M*F und *M*Cl. Je größer daher das Kation *M* ist, desto günstiger tendiert die Freie Energie dazu, die Triebkraft der Austauschreaktion zu sein. In isomorphen Verbindungen steigt daher die Fähigkeit, Fluor auszutauschen, mit zunehmendem Metallionenradius.

Der Unterschied der Gitterenergien von AgF und AgCl ist wegen der Beteiligung nicht-ionischer Bindung im AgCl nur klein, so daß AgF ein sehr kräftiges (aber auch sehr teures) Fluorierungsmittel ist.

Von den Alkalifluoriden ist LiF wegen zu hoher Gitterenergie weniger gut geeignet als NaF und KF. Die noch wirksameren Fluoride von Rb und Cs sind zu teuer und haben nur für Spezialfälle Bedeutung.

(Beim Einsatz der Fluoride als festes Austauschmittel kommt es darauf an, besonders aktive Substanzen einzusetzen. NaF läßt sich schon dadurch aktivieren, daß man es aus wäßriger Lösung durch Zugabe von Aceton sehr schnell ausfällt, mit Aceton wäscht und möglichst schnell bei normaler Temperatur von anhaftendem Lösungsmittel befreit. Bei KF ist diese Präparation nicht durchführbar, da die Löslichkeit in Wasser zu groß ist. Es gibt aber eine sehr wirksame Art der Aktivierung, nämlich die Überführung in Kaliumfluorsulfinat, KSO_2F, das aus festem KF mit flüssigem SO_2 unter Druck bei 20 °C erhalten wird. KSO_2F zeigt eine beachtliche Cl—F-Austauschkapazität. Es entsteht dabei KCl unter Entwicklung von SO_2. Analog verhält sich bei erhöhter Temperatur K_2SiF_6, weil bei dessen thermischer Zersetzung ($K_2SiF_6 \rightarrow 2KF + SiF_4$) austauschaktives KF gebildet wird.)

Mittels der Alkalifluoride, insbesondere KF, kann besonders leicht bei Carbon- und Sulfosäurechloriden, aliphatischen Halogencarbonsäuren, -alkoholen, -estern und äthern das Chlor durch Fluor ersetzt werden. In vielen Fällen empfiehlt sich die Verwendung von Lösungs- bzw. Suspensionsmitteln, wie z. B. Acetamid, Äthylenglykol oder Tetrachlorkohlenstoff. Die Temperaturen liegen meist unter 200 °C. Die mit Alkalifluoriden im Halogenaustauch reagierenden Verbindungen müssen eine große Tendenz zur Ausbildung von F-Bindungen aufweisen und dürfen keine hohe Aktivierungsenergie für den Austausch erfordern, da eine Temperatursteigerung in flüssigen Systemen begrenzt ist.

Da CCl_4 auch von aktiviertem NaF nicht angegriffen wird, kann es als Lösungsmittel für andere Chlor-Verbindungen dienen, die leicht einen Cl—F-Austausch eingehen.

Bei höheren Temperaturen von 400 bis 500 °C lassen sich mit Kaliumfluorid mehrere Chloratome austauschen. So werden bei entsprechenden Temperaturen und höheren Drücken u. a. Hexafluorbenzol und Pentafluorpyridin aus ihren Chlorverbindungen erhalten:
z. B.

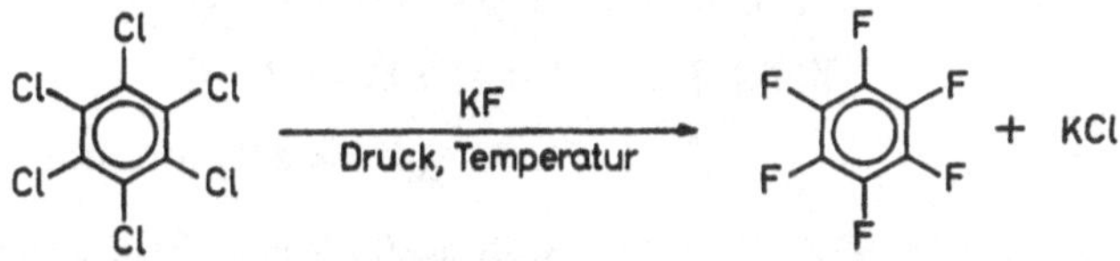

Durch die Verwendung von polaren Lösungsmitteln, wie Dimethylformamid, Dimethylsulfoxid oder Sulfonen gelingt der Austausch sogar schon bei wesentlich tieferen Temperaturen. Allerdings ist der Mechanismus in polaren Lösungsmitteln nicht ein einfacher Cl—F-Austausch; er ist begleitet von einer Dehydrochlorierung und Isomerisation.

Die übrigen Metallfluoride, wie ZnF_2, HgF_2 und auch AsF_3 haben nur untergeordnetes Interesse gefunden.

26.3.4.4. Halogenaustausch in Salzschmelzen

Salzschmelzen zeichnen sich vor anderen Lösungsmitteln durch ihre hohe Ionenkonzentration aus; nukleophile Substitutionen durch negative Ionen sind in diesen

Schmelzen besonders begünstigt. Darum hat in letzter Zeit die Fluorierung organischer Verbindungen durch Chlor-Fluor-Austauschreaktionen eine große Bedeutung erlangt. Als Austauschmittel kommen vor allem Alkali- und Erdalkalifluoride in Frage, obwohl im Prinzip alle fluoridhaltigen Salzschmelzen zum Cl—F-Austausch an flüchtigen Chloriden geeignet sind. Verwendet werden häufig Schmelzen etwa der Zusammensetzung 45 Mol-% KF, 45 Mol-% LiF und 10 Mol-% NaF oder Schmelzen, die aus Chloriden und Fluoriden der Alkali- und Erdalkalimetalle bestehen. Bei Reaktionstemperaturen, die zwischen 300 und 800°C liegen, finden als typische Umsetzungen (deren Grundprinzip bereits unter 26.3.4.3 dargelegt ist) statt:

$$CCl_4 + MF \rightarrow CCl_3F + MCl$$

$$CCl_3F + MF \rightarrow CCl_2F_2 + MCl$$

$$C_6F_3Cl_3 + 3MF \rightarrow C_6F_6 + 3MCl$$

$$C_5NF_3Cl_2 + 2MF \rightarrow C_5NF_5 + 2MCl$$

(M = Alkalifluorid)

Beim Cl—F-Austausch in fluoridhaltigen Schmelzen ist die thermische Stabilität der chlorierten Kohlenstoffverbindungen ein zu beachtender Faktor. CCl_4 kann bei sehr kurzer Kontaktzeit mit der Schmelze (max 1 sec) ohne große Pyrolyseverluste auch noch bei 600°C zur Reaktion gebracht werden. Bei aliphatischen Chlor-Kohlenstoff-Verbindungen tritt C—C-Bindungsspaltung bei Temperaturen um 500°C ein. Es entstehen außerdem olefinische Produkte. Wasserstoffhaltige aliphatische C—Cl—F-Verbindungen sind thermisch stabiler als vollständig halogenierte Substanzen; dies gilt besonders für die Molekeln mit einem C-Atom. Bei den aromatischen Verbindungen kehren sich die thermischen Stabilitäten gegenüber den aliphatischen um. Die vollständig halogenierten Substanzen sind thermisch stabiler als die wasserstoffhaltigen. Chlorfluorbenzole können bis 780°C in KF/KCl-Schmelzen hergestellt werden, oberhalb dieser Temperatur treten thermische Zersetzungen auf. Das gleiche gilt für den Cl—F-Austausch an Chlor-Fluor-Pyridinen.

Auch laufen in Salzschmelzen Dismutierungsreaktionen parallel zu den Austauschreaktionen ab, z. B.:

$$2\,C_6F_5Cl \rightleftharpoons C_6F_6 + C_6F_4Cl_2$$

Der Vorteil der Anwendung der Schmelzen gegenüber Reaktionen mit KF, das in Lösungsmitteln, wie Dimethylformamid, suspendiert ist, besteht im Erreichen höherer Fluorierungsstufen. So sind z. B. in der Reaktion mit Hexachlorbenzol bei Gegenwart von Lösungsmitteln im wesentlichen nur Produkte bis zu Trifluortrichlorbenzol zu erhalten, in den Salzschmelzen gelingt die Herstellung der perfluorierten Verbindungen.

Es wurde aber bereits angeführt (vgl. 26.3.4.3), daß der Einsatz von festem Kaliumfluorid bei 400 bis 500 °C ebenso geeignet ist, höhere Fluorierungsgrade zu erreichen. Diese Umsetzung kann insofern Vorteile gegenüber der Verwendung von Salzschmelzen aufweisen, als das feste KF eine geringere Korrosionswirkung zeigt als die Salzschmelzen.

Es bleiben aber die unumstrittenen Vorteile der Salzschmelzen, daß die Austauschreaktionen sehr schnell verlaufen. Die stark erhöhte Reaktionsbereitschaft gegenüber festen Salzen ist in den Schmelzen durch die überwundene Gitterenergie und die hohe Beweglichkeit der Ionen bedingt.

26.3.5. Elektrochemische Fluorierung organischer Verbindungen nach dem Simons-Verfahren

Das in jeder Hinsicht günstigste Verfahren zur Gewinnung organischer Fluorverbindungen ist die 1949 von J. H. Simons entwickelte und seit 1951 im industriellen Maßstab durchgeführte elektrochemische Fluorierung.

Hierbei werden Lösungen der zu fluorierenden Substanzen in flüssigem Fluorwasserstoff unter Verwendung von Eisenkatoden und Nickelanoden in diaphragmalosen Stahlzellen bei Klemmspannungen von 5 bis 8 V, die noch unter dem Abscheidungspotential des Fluors (8 bis 10 V) liegen, elektrolysiert (Abb. 14 und Tab. 15).

Tabelle 15
Material- und Betriebsdaten einer Zelle zur Elektrofluorierung

Gefäßmaterial	Stahl, Kupfer, Polyäthen, Teflon
Katoden-Material	Eisen, Kupfer, Nickel
Anoden-Material	Nickel (vereinzelt Kohle)
Dichtungs-Material	Teflon, Polyäthen, Gummi
Elektrolyt	Fluorwasserstoff, wasserfrei
Betriebstemperatur	0 bis 20°C
Strombelastung	20 A
Anodendichte	400 A/m²
Spannung	5 bis 8 V
Stromausbeute	schwankend

Zur Fluorierung gasförmiger Ausgangsverbindungen werden diese durch eine unterhalb des Elektrodenpaketes angebrachte Siebplatte eingeleitet. Während an der Katode Wasserstoff entwickelt wird, erfolgt an der Anode, an der somit kein freies Fluor auftreten kann, die Elektrofluorierung der gelösten Substanzen. Dabei findet in einem komplexen Anodenmechanismus eine teilweise oder vollständige Substitution C-ständiger H-Atome und OH-Gruppen sowie anderer Radikale durch Fluor statt, die im Falle ungesättigter oder aromatischer Komponenten mit einer Fluoraddition an der Doppelbildung gekoppelt ist. Im günstigsten Falle werden hierbei Fluorkohlenstoff-Verbindungen mit dem Kohlenstoffgerüst des Ausgangsmaterials gebildet.

Die Hauptreaktion der Elektrofluorierung organischer Verbindungen besteht aber in der Substitution von Wasserstoff am Kohlenstoff durch Fluor gemäß:

$$\overset{|}{\underset{|}{-C}}-H + HF \xrightarrow{2\,\text{Faraday}} \overset{|}{\underset{|}{-C}}-F + H_2$$

Daneben treten, außer Ringaufspaltungen und Polymerisationen auch Sprengungen der C—C-Bindungen ein, wobei Fluorkohlenstoffe mit kürzerer Kette bis CF_4 entstehen.

Funktionelle Gruppen oder Heteroatome werden oft entfernt, was im Falle O- und N-haltiger Verbindungen zur Bildung von Nebenprodukten wie OF_2, CO, CO_2 und NF_3 führt. Es gelingt aber auch, diese Gruppen oder Heteroatome zu erhalten, so daß z. B. Fluorcarbonsäuren, Fluorkohlenstoffoxide und -nitride gewonnen werden können. Die Herstellung von Perfluorcarbonsäuren aus Carbonsäurefluoriden und von Perfluoralkylsulfonsäuren aus Alkylsulfofluoriden ist das spezielle Anwendungsgebiet des Simons-Verfahrens geworden.

Da die Fluorierungsprodukte im flüssigen HF unlöslich sind, lassen sie sich entweder aus den Abgasen isolieren

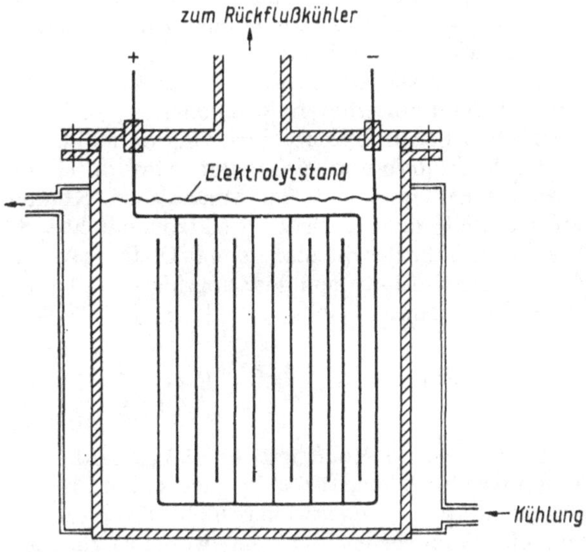

Abb. 14. Querschnitt durch eine Zelle zur Elektrofluorierung nach SIMONS

oder vom Boden der Zelle ableiten. Demzufolge gestattet der Simons-Prozeß ein kontinuierliches Arbeiten. Weil auch dieses Verfahren den relativ billigen Fluorwasserstoff und kein elementares Fluor verwendet, hat es, obwohl die Stromausbeute an fluorierten Substanzen nur 5 bis 50% beträgt und deren Strukturen sich oft von denen der Ausgangsstoffe unterscheiden, Vorteile gegenüber den anderen Methoden zur Darstellung organischer Verbindungen.

Über den eigentlichen Mechanismus der Elektrofluorierung gibt es widersprüchliche Auffassungen.

So wird angenommen, daß obwohl freies Fluor gemäß seines Abscheidungspotentials nicht auftreten kann, doch in einer reinen Anodenreaktion primär Fluorradikale gebildet werden, die die Anode polarisieren. Fluorierbare Substanzen wirken dann durch ihre Fluorierung depolarisierend.

Andererseits soll die Fluorierung über intermediär gebildete höhere Fluoride des Anodenmaterials, also z. B. Nickelfluoride wie NiF_3, verlaufen.

Wahrscheinlicher ist jedoch, daß der direkte Elektronenentzug an der fluorierbaren Komponente den ersten Schritt der eigentlichen Elektrofluorierung darstellt. Das heißt, daß die Fluorierung eingeleitet wird durch die direkte anodische Oxydation der organischen Komponente an der Stelle ihrer höchsten Elektronendichte. Sie verläuft z. B. im Falle der Substanzen mit Olefincharakter unter Abgabe der π-Elektronen der aliphatischen Doppelbindung an die Anode:

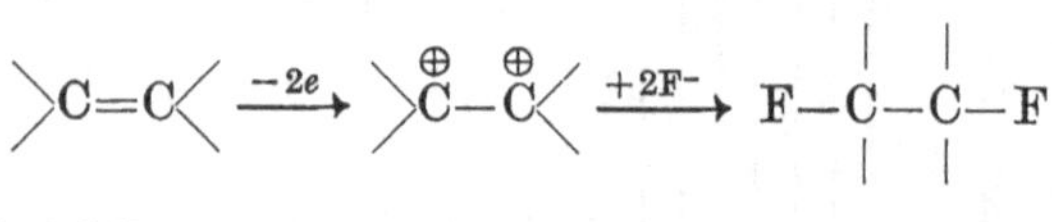

Dabei bilden sich im Molekül zwei Elektronenlücken. In diese wandern im 2. Schritt des Prozesses zwei Fluoridionen aus der über der Adsorptionsschicht an der Anode lagernden Fluoridionenschicht hinein, wobei es zur Ausbildung von C—F-Bindungen kommt. Bedingt durch die starke Neigung des Fluorwasserstoffs zur Ausbildung von Wasserstoffbrücken wird prinzipiell nach dem Einbau der organischen Komponente in die Anodenoberfläche der elektrofuge Austritt eines Protons der anodischen Oxydation vorangehen. Nach dem Elektronenentzug leitet dann der nucleophile Eintritt eines Fluoridions die Elektrofluorierung ein:

$$\rangle C-H < \cdots FH \xrightarrow[D_E]{} \rangle \overset{\ominus}{C}: + (HFH)^+$$

$$\rangle \overset{\ominus}{C}: \xrightarrow{-2e} \rangle \overset{\oplus}{C} \xrightarrow{+F^-} \rangle C-F$$

Da die Aufnahme des stark elektronegativen Addenten die Protonisierung weiterer, noch an Kohlenstoff gebundener H-Atome begünstigt, könnte die Wiederholung dieses Mechanismus das für das SIMONS-Verfahren typische Auftreten perfluorierter Produkte erklären.

26.3.6. Elektrolysen in Fluoridschmelzen

Neben der Elektrofluorierung in flüssigem Fluorwasserstoff nach SIMONS hat in den letzten Jahren die elektrolytische Fluorierung in fluoridhaltigen Schmelzen an Bedeutung gewonnen. Es wurden Verfahren patentiert, die die Produktion von fluorhaltigen bzw. bromfluor- oder chlorfluorhaltigen organischen Verbindungen durch Schmelzflußelektrolyse von Alkali- bzw. Erdalkalihalogeniden an Kohleanoden bei Temperaturen von 600 bis 1000 °C und Spannungen von 5 bis 120 V beinhalten. Als Kohlenstofflieferant dient in den meisten Fällen die Kohleanode.

Besondere Beachtung verdient ein Verfahren zur Darstellung von partiell fluorierten Kohlenwasserstoffen (z. B. C_2H_5F, $C_2H_4F_2$, CCl_3F und CH_3F) durch Elektrofluorierung von Alkanen bzw. Chloralkanen (z. B. C_2H_6, CH_4, $CHCl_3$) in Kaliumhydrogenfluoridschmelzen der Zusammensetzung $KF \cdot 1{,}8\,HF$ bis $KF \cdot 3\,HF$. Nach diesem

Verfahren wird die zu fluorierende Substanz in die Poren einer porösen Kohleanode eingeleitet und in diesen Poren zumindest teilweise fluoriert. Dabei werden außerordentlich hohe Ausbeuten (80 bis 100%) an Produkt pro Kilowattstunde erreicht und mehr Fluor in ein fluorierbares Substrat pro Kilowattstunde eingeführt, als es mit den herkömmlichen Verfahren bisher möglich war.

Speziell über Reaktionsmechanismen der elektrochemischen Fluorierung in Fluoridschmelzen liegen keine Aussagen vor. Im wesentlichen dürften die zur Elektrofluorierung in fl. HF gemachten Angaben gelten.

26.3.7. Anlagerung von Fluorwasserstoff an aliphatische Doppel- oder Dreifachbindungen

Die Anlagerung von Fluorwasserstoff an aliphatische Doppel- oder Dreifachbindungen ist für die Herstellung von Mono- und Difluorverbindungen von Bedeutung.

Aus Äthen erhält man Äthylenfluorid, aus den anderen Olefinen sekundäre und tertiäre Monofluoralkane. Um die Polymerisation des Olefins einzuschränken, arbeitet man bei tiefen Temperaturen. An chlorhaltige Olefine wird HF im allgemeinen nicht so leicht angelagert wie an Kohlenwasserstoffolefine. Das H-Atom des Fluorwasserstoffs tritt an dasjenige C-Atom der Doppelbindung, welches die meisten H-Atome trägt, während das F-Atom das Kohlenstoffatom mit den meisten Halogenatomen und wenigsten Wasserstoffatomen bevorzugt (Regel von Markownikov).

In manchen Fällen schließt sich an die HF-Anlagerung ein Austausch von Chlor gegen Fluor an. Diese gekoppelte Reaktion wird zur Herstellung von Difluorverbindungen aus Chlorolefinen verwendet. Die Reaktionsfähigkeit der einzelnen Chlorolefine ist sehr verschieden. Am leichtesten wird HF an Chlorolefine mit nur einem Cl-Atom an der Doppelbindung angelagert, sofern es nicht am Ende der Kette steht; hier verläuft die Reaktion unmittelbar bis zur geminalen Difluorverbindung. Träger reagieren Monochlor-olefine mit endständigem Cl-Atom und Dichlor-olefine mit beiden Cl-Atomen an einem der durch die Doppelbindung verbundenen Kohlenstoffatome; ihre Umsetzung erfordert mehrstündiges Erhitzen im Autoklaven. Durch Cl-Atome auf beiden Seiten der Doppelbindung wird die Reaktionsfähigkeit sehr stark gemindert. Die Anlagerung von Fluorwasserstoff an solche Halogenolefine mit mehreren Cl-Atomen erfordert die Gegenwart von Katalysatoren wie Bortrifluorid. An Perhalogenolefine läßt sich HF überhaupt nicht anlagern.

Die Anlagerung von HF an die Dreifachbindung des Propins und der höheren Alkine verläuft schon bei tiefer Temperatur sehr leicht unter Addition von zwei Molekeln HF bis zu den gesättigten Difluoralkanen. An das wesentlich träger reagierende Äthin läßt sich HF nur mit Hilfe von Katalysatoren anlagern. In Gegenwart von Hg-Verbindungen wird aus Äthin Vinylfluorid hergestellt. Daneben entsteht auch 1,1-Difluoräthan.

$$HC\equiv CH \xrightarrow[\text{Hg-Verbgg.}]{HF} CHF{=}CH_2$$

$$HC\equiv CH \xrightarrow[BF_3]{HF} CHF_2{-}CH_3$$

Zwei Molekeln HF werden am besten in Gegenwart von Bortrifluorid als Katalysator an Äthin unter Bildung von 1,1-Difluoräthan angelagert.

26.3.8. *Fluoreinführung in aromatische Systeme über die Diazonium-Verbindungen*

Der Austausch der Aminogruppe in aromatischen Aminen ist eine der wenigen Möglichkeiten zur gezielten Herstellung aromatischer Fluorverbindungen mit kerngebundenem Fluor.

Ein technisch mögliches Verfahren beruht auf der Diazotierung des aromatischen Amins in wasserfreiem

Fluorwasserstoff mit festem Natriumnitrit und anschließender thermischer Zersetzung der Diazoniumfluoridlösung:

$$Ar-NH_2 + HF \rightarrow [Ar-NH_3]^+F^-$$

$$[Ar-NH_3]^+F^- + NaNO_2 + HF \rightarrow [Ar-\overset{\oplus}{N}\equiv N|]\,F^- + NaF + 2\,H_2O$$

$$[Ar-\overset{\oplus}{N}\equiv N|]F^- \rightarrow Ar-F + N_2$$

Im Laboratoriumsmaßstab wird vorwiegend nach dem Schiemann-Verfahren gearbeitet. Dabei wird aus einer Lösung des diazotierten Amins mit Borfluorwasserstoffsäure das schwerlösliche Diazoniumfluoroborat gefällt und dieses danach in trockenem Zustand thermisch zersetzt:

$$[Ar-\overset{\oplus}{N}\equiv N|]\,Cl^- + H^+ + BF_4^- \rightarrow$$

$$[Ar-\overset{\oplus}{N}\equiv N|]\,BF_4^- + H^+ + Cl^-$$

$$(Ar-\overset{\oplus}{N}\equiv N|]\,BF_4^- \rightarrow Ar-F + N_2 + BF_3$$

Neben den Tetrafluorboraten eignen sich auch andere stabile Diazoniumsalze zur Darstellung aromatischer Fluorverbindungen durch thermische Zersetzung, so z. B. die Hexafluorosilicate, Hexafluorophosphate und Hexafluoroantimonate:

$$[ArN_2]_2SiF_6 \rightarrow 2\,ArF + SiF_4 + 2\,N_2$$

$$[ArN_2]PF_6 \rightarrow ArF + PF_5 + N_2$$

$$[ArN_2]SbF_6 \rightarrow ArF + SbF_5 + N_2$$

(Die für die Einführung von Chlor, Brom und Jod in den aromatischen Kern geeignete Sandmeyer-Reaktion ist zur Darstellung aromatischer Fluorverbindungen nicht anwendbar, da sie zu Phenolenführt).

In der Technik wendet man von diesen Verfahren nur diejenigen an, die mit wasserfreiem Fluorwasserstoff arbeiten.

26.3.9. *Weitere Verfahren zur labormäßigen Darstellung organischer Fluorverbindungen*

- Schwefeltetrafluorid, SF_4, ist ein selektives Fluorierungsmittel, wobei im O—F-Austausch die Carbonylgruppe in die
$>CF_2$-Gruppierung:

$$C{=}O + SF_4 \rightarrow \; >CF_2 + SOF_2$$

und die Carboxylgruppe besonders leicht in die CF_3-Gruppierung:

$$R{-}COOH \xrightarrow{SF_4} R{-}COF \xrightarrow{SF_4} R{-}CF_3$$

überführbar sind.

Eine Methode zur schonenden Einführung der CF_3-Gruppe in primäre, sekundäre und tertiäre Positionen aliphatischer Verbindungen besteht in der Photolyse von Trifluormethylazo-Verbindungen, die aus entsprechenden Aminen durch Umsetzung mit Trifluornitrosomethan zugänglich sind:

$$R{-}NH_2 \xrightarrow{CF_3NO} R{-}N{=}N{-}CF_3 \xrightarrow{h\nu} R{-}CF_3$$

Nach dem gleichen Verfahren sind aus Diaminen auch Bis(trifluormethyl)-derivate darstellbar:

$$H_2N{-}R{-}NH_2 \xrightarrow{CF_3NO} CF_3{-}N{=}N{-}R{-}N{=}N{-}CF_3$$

$$\xrightarrow{h\nu} CF_3{-}R{-}CF_3$$

- Xenondifluorid, XeF_2, wird als sehr „sauberes“ Fluorierungsmittel zur Substitution von aromatisch gebundenem Wasserstoff durch Fluor sowie zur 1,2-Difluoraddition an die olefinische Doppelbindung verwendet.

Diese Reaktionen verlaufen (besonders in polaren Lösungsmitteln) entsprechend der Dissoziation des XeF_2 ($XeF_2 \rightleftharpoons XeF^+ + F^-$) nach eine mionischen Mechanismus.

- Mittels des Fluor-Pyridin-Komplexes $F_2 \cdot Py$ ist entsprechend dessen Dissoziation in polaren Lösungsmitteln (wie CH_3CN) gemäß $[PyF]^+F^-$ ebenfalls eine selektive kationoide Fluorierung möglich.

- Durch Perchlorylfluorid, ClO_3F, lassen sich saure Wasserstoffatome von aktiven Methylengruppen gegen Fluor austauschen. Dabei werden sofort die beiden H-Atome der Methylgruppe durch Fluor ersetzt, die Monofluorverbindung ist nicht erhältlich. Dagegen ist der Austausch eines einzelnen H-Atoms in cyclischen Enoläthern möglich, z. B.

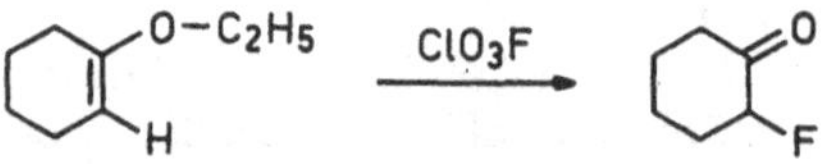

Auf diese Weise lassen sich α-Fluorketone darstellen.

- Das sog. „Jarovenko-Reagenz", $Et_2N{-}CF_2{-}CHFCl$ (A), das gemäß $CFCl{=}CF_2 + Et_2NH \rightarrow A$ darstellbar ist, eignet sich zum spezifischen Austausch von OH-Gruppen gegen Fluor nach:

$$R{-}OH + A \rightarrow R{-}F + H{-}CFCl{-}C({=}O){-}NEt_2 + HF$$

- Von weiteren, sehr spezifischen Fluorierungsmitteln sei abschließend noch Molybdän(VI)-fluorid, MoF_6, erwähnt, das in der Zuckerchemie zur Darstellung von fluorierten Zuckern (Überführung von $-\overset{|}{\underset{|}{C}}-OH$ in $-\overset{|}{\underset{|}{C}}-F$) verwendet wird.

26.4. Einsatzgebiete organischer Fluorverbindungen

Von den eingangs erwähnten 10^{12} möglichen organischen Fluorverbindungen haben bisher etwa 100 technisches Interesse erlangt. Es ist aber zu erwarten, daß in den nächsten Jahren diese Substanzklasse eine noch größere Bedeutung erlangen wird, als sie zur Zeit schon hat.

Die nachstehend behandelten Beispiele können nur einen Teil der Einsatzgebiete organischer Fluorverbindungen umschreiben.

26.4.1. Kältemittel

Kältemittel sind die Arbeitsmittel, mit deren Verdampfungswärme im Kältemaschinenprozeß in einem geschlossenen Kreislauf Kälte erzeugt wird. Ein ideales Kältemittel darf die Apparateteile der Kältemaschine nicht korrodieren, es muß die Schmierwirkung konstant halten, ungiftig, nicht brennbar, nicht explosiv, geruchlos und gegenüber den auftretenden Temperaturen und Drücken beständig sein und eine möglichst große Verdampfungswärme besitzen. Es soll einen großen Arbeitsbereich haben, der von der Differenz zwischen Siedepunkt und Erstarrungspunkt bestimmt wird.

Diesen Forderungen kommen die chlorhaltigen Fluorkohlenwasserstoffe am nächsten, die erstmals 1930 als „Sicherheitskältemittel" in den USA von der Kinetic Chemicals (DuPont) unter dem Namen „Freone" auf den Markt gebracht wurden. In Europa wurden diese Verbindungen erstmals 1938 von den Farbwerken Hoechst AG unter dem Warenzeichen „Frigen“ technisch erzeugt. Die Einführung dieser Sicherheitskältemittel, die infolge ihrer hervorragenden physikalischen, chemischen und physiologischen Eigenschaften sehr bald die klassischen Kältemittel wie SO_2, CO_2, NH_3 und CH_3Cl ablösten, stellt einen der wichtigsten Fortschritte in der modernen Kältetechnik dar. Kältemittel auf Freonbasis werden heute in großen Mengen in der Lebensmittelindustrie für Konservierungszwecke, in Schiffskühlanlagen, in der chemischen Industrie zur Gasverflüssigung, in Haushaltskühlschränken und Klimaanlagen verwendet. Die Freone eignen sich nicht nur für Kompressor- oder Turbokompressormaschinen, sondern auch, wenn sie noch Wasserstoff im Molekül gebunden enthalten, im begrenzten Maße für Absorptionskälteaggregate.

Sie werden in allen führenden Industriestaaten unter verschiedenen geschützten Markenbezeichnungen (Tab. 16) produziert.

Tabelle 16
Hersteller und Warenzeichen von Kältemitteln

Land	Hersteller	Warenzeichen
DDR	VEB Chemiewerk Nünchritz	Fri-dohna
UdSSR	(Sojuschim-Export)	Chladon
ČSSR	Spolektro Chemicku Usti n.Labem	Ledon
BRD	Farbwerke Hoechst AG	Frigen
BRD	Kali Chemie Hannover	Kaltron
USA	DuPont de Nemours Inc.	Freon
USA	Allied Chemical	Genetron
USA	Pensalt Chemicals Equipment	Isotron
England	Imperial Chemical Industries Ltd.	Arcton
England	Imperial Smelting Ltd.	Isceon
Frankreich	Electrochimie Ugine	Forane
Italien	Montecatini	Algofrene
Japan	Osaka Metal	Daiflon

„Freon-Nomenklatur“:

Um für den technischen Gebrauch nicht immer mit den komplizierten chemischen Bezeichnungen dieser Verbindungsklasse arbeiten zu müssen, hat man eine einfache Nomenklatur geschaffen, wonach die Verbindungen durch 2 oder 3 Ziffern, im Anschluß an das Warenzeichen, gekennzeichnet werden. Die letzte (rechte) Ziffer nennt die Anzahl der Fluoratome. Die vorletzte Ziffer gibt die um eins verminderte Zahl der Wasserstoffatome an. Ist sie eins, so enthält die Verbindung keinen Wasserstoff, ist sie zwei, so ist ein Wasserstoffatom vorhanden usw. Die dritte (linke) Ziffer bedeutet die um eins verminderte Anzahl der Kohlenstoffatome. Bei den Äthanderivaten ist diese Ziffer $2-1 = 1$; bei den Methanderivaten ist sie $1-1 = 0$ und wird ausgelassen, so daß sich für die Methanverbindungen zweistellige Ziffern ergeben. Alle übrigen Atome des Moleküls sind als Chloratome anzusehen (sollten weitere Elemente gebunden sein, z. B. Brom, so werden sie durch Buchstaben zusätzlich angezeigt).

Letzte Ziffer	= F-Atome
Vorletzte Ziffer −1	= H-Atome
Drittletzte Ziffer +1	= C-Atome

Dichlor-difluormethan, CCl_2F_2, erhält mit den Markenbezeichnungen „Freon“, „Fri-dohna“ oder „Frigen“ demnach die Bezeichnung F 012 oder einfach F 12.

In der Äthanreihe ist die Bezifferung nicht mehr eindeutig, weil sie die möglichen Isomeren unberücksichtigt läßt. So kann F 114 (4 F-Atome, kein H-Atom, 2 C-Atome, 2 Cl-Atome)

$$CClF_2-CClF_2 \quad \text{oder} \quad CF_3-CCl_2F$$

sein. Im allgemeinen gilt die Bezifferung für das technisch wichtigste der möglichen Isomeren.

Bei den Propan-Derivaten mit ihren noch zahlreicheren Isomeriemöglichkeiten ist das System unbrauchbar. Cyclische Verbindungen werden durch Vorstellen des Buchstabens C vor die Zahl gekennzeichnet, so erhält z. B. Octafluorcyclobutan, C_4F_8, die Chiffre C 318.

Gemäß einer internationalen Vereinbarung wählt man für diese Stoffklasse die Bezeichnung R (von „Refrigerant“) mit der entsprechenden Bezifferung dann, wenn es sich lediglich darum handelt, eine Kurzbezeichnung zu wählen, ohne daß der Stoff in Verbindung mit der Herstellerfirma genannt werden soll; also z. B. Monochlortrifluormethan, $CClF_3$, allgemein: R 13.

Für die Beurteilung eines Kältemittels und als Grundlage der technischen Konstruktion der Kühlanlage werden häufig folgende Kennziffern verwendet:

- Spezifische Kälteleistung (= erzeugte Kältemenge in kJ pro aufgewendeter Kilowattstunde), je höher dieser Wert ist, umso effektiver ist das Kältemittel.
- Volumetrische Kälteleistung (= erzeugte Kältemenge in kJ pro m^3 Ansaugvolumen des Kompressors), sie bestimmt die Kompressorabmessung.
- Wärmeübergangszahl, beeinflußt die notwendige Oberfläche der Wärmeaustauscher.

Der Einsatz der Kältemittel richtet sich ferner nach der Größe der Anlage und nach dem gewünschten Temperaturbereich. Hieraus ergibt sich, daß zur erforderlichen Bedarfsdeckung eine größere Anzahl von Kältemitteln verfügbar sein muß.

Zur Anschaulichkeit sind einige wichtige Werte der am häufigsten gebrauchten Freone in Tab. 17 angeführt:

Tabelle 17
Physikalische Eigenschaften von Freonen

Bezeichnung	Formel	Smp. [°C]	Sdp. [°C]	Verdampfungswärme beim Sieden [kJ/kg]	Spez. Wärme [kJ/kg]	Krit. Temp. [°C]	Krit. Druck [°C]
R 11	$CFCl_3$	−111	+24	183,2	0,87	196	45
R 12	CF_2Cl_2	−155	−30	167,2	0,86	112	41
R 13	CF_3Cl	−180	−81	149,4	0,85	29	39
R 21	$CHFCl_2$	−185	+ 9	242,4	1,03	179	53
R 22	CHF_2Cl	−160	−41	234,2	1,11	96	50
R 23	CHF_3	−163	−82	234,6	1,17	32	51
R 113	$CF_2ClCFCl_2$	− 35	+48	146,8	0,95	214	35
R 114	CF_2ClCF_2Cl	− 94	+ 4	137,4	0,97	146	33
R 115	CF_3CF_2Cl	−106	−38	–	–	–	–

In Abb. 15 ist das Kältemittel-Spektrum in der Abfolge der Siedepunkte wiedergegeben.

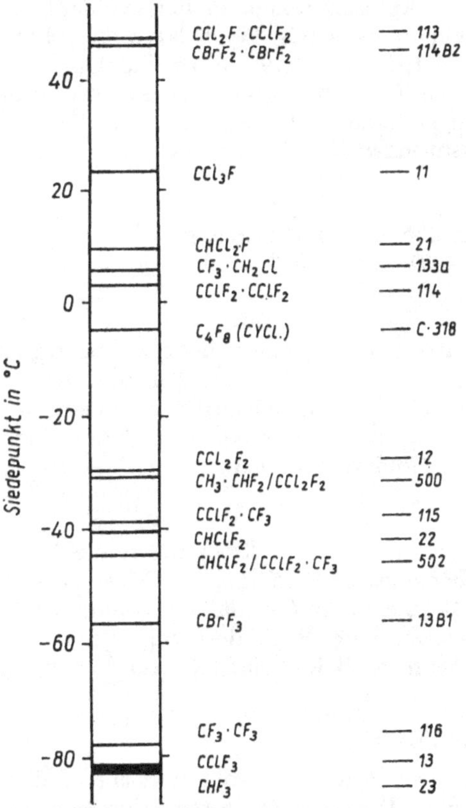

Abb. 15. Siedepunkts-Spektrum der Kältemittel

Nachstehend werden die speziellen Anwendungsgebiete der wichtigsten „Sicherheits-Kältemittel" angegeben:

R 11, $CFCl_3$

R 11 ist als Niederdruckkältemittel besonders zum Einsatz in ein- oder mehrstufigen Turbokompressoren für große Leistungen geeignet.

R 12, CF_2Cl_2

R 12 besitzt das weiteste Anwendungsgebiet, da es vor allem in Haushaltskühlschränken, in den Kühlanlagen des Lebensmittelhandels sowie in Anlagen zur Luftkühlung und Klimatisierung Verwendung findet.

Da es eine geringe Verdampfungswärme besitzt, müssen relativ große Mengen in der Kältemaschine umlaufen, was aber keinen wesentlichen Nachteil bringt.

R 13, CF_3Cl

R 13 dient hauptsächlich zur Erzeugung tiefer Temperaturen von etwa −70° bis −100 °C und tiefer.

R 21, $CHFCl_2$

Wegen seines relativ hoch liegenden Siedepunktes eignet sich R 21 für solche Raumluftkühlanlagen und Klimageräte, bei denen sehr hohe Kondensationstemperaturen auftreten, z. B. bei der Kühlung von Kranführerkabinen in Hütten- und Walzwerken.

R 22, CHF_2Cl

R 22 wird zur Tiefkühlung (bis −65 °C) und zum Schnellgefrieren von Lebensmitteln (−20° bis −40 °C) eingesetzt. Da es gegenüber R 12 eine um 60% höhere volumetrische Kälteleistung besitzt, wird R 22 dort angewendet, wo nur begrenzter Raum, z. B. im Schiffbau, zur Verfügung steht.

R 113, $CF_2Cl{-}CFCl_2$

R 113 wird wegen seiner geringen volumetrischen Kälteleistung besonders in Turbokompressoren hoher Leistung (ab 300000 kJ pro Stunde) und in Klimaanlagen eingesetzt. Für Temperaturen unter −10 °C ist es nicht geeignet.

R 114, $CF_2Cl{-}CF_2Cl$

R 114 dient als Niederdruckkältemittel in Rotationskompressoren bei Leistungen ab 1200000 kJ/Stunde.

R 115, CF_3-CF_2Cl

R 115 wird in zunehmendem Maße als azeotropes Gemisch mit R 22 unter der Bezeichnung R 502 eingesetzt (48,6 Masse-% R 22 und 51,4 Masse-% R 115).

Derartige azeotrope Kältegemische verhalten sich beim Verdampfen und Verflüssigen wie ein einheitlicher Stoff. Der Vorteil dieses Kältegemisches besteht in der geringen Verdichtungstemperatur, der höheren Kälteleistung bei tieferen Temperaturen und der geringeren Öllöslichkeit.

R 500

R 500 ist ebenfalls ein azeotropes Kältegemisch aus 73,8% R 12 und 26,2% R 152 ($C_2H_4F_2$). Es weist einen hohen Wirkungsgrad in der Kältemaschine auf und hat gegenüber R 12 eine um etwa 18–19% höhere volumetrische Kälteleistung.

RC 318, C_4F_8

RC 318 wird bevorzugt in Turbokompressoren eingesetzt. Es besitzt eine sehr hohe chemische Stabilität, ist mit Mineralölen nicht mischbar und nur sehr wenig in ihnen löslich.

26.4.2. Treibmittel für Aerosole

Ein weiteres wichtiges Verwendungsgebiet für Freone brachte die rasche Entwicklung der Technik der Aerosol-Zerstäubung, die es gestattet, die verschiedenartigsten Wirkstoffe in besonders wirksamer Form zur Anwendung zu bringen. Diese Entwicklung begann während des zweiten Weltkrieges, als amerikanische Truppen die sog. „Insekten-Bombe" zur Insektenbekämpfung im Dschungel einsetzten. Es handelte sich bei ihr um Stahlbehälter, aus denen das Insektizid in feinstverteilter Form mittels eines Treibgases unter höherem Druck zerstäubt wurde.

Unter einem Aerosol versteht man ein sich selbst versprühendes Produkt, bei welchem die Treibkraft durch den Druck eines verflüssigten Gases bzw. durch ein komprimiertes, nichtverflüssigtes Gas geliefert wird. Das Treibmittel muß also bei Zimmertemperatur einen Dampfdruck haben, der den Atmosphärendruck übersteigt.

Als verflüssigte Gase dienen vorwiegend folgende Treibmittel: $CFCl_3$, $CHFCl_2$, CHF_2Cl, CF_2Cl_2, CF_2Cl-CF_2Cl, CF_2Cl-CH_3, C_4F_8 (cycl.), Propan, n-Butan.

Als komprimierte Gase werden u. a. angewendet:
N_2, Luft, CO_2, N_2O.

Aus Sicherheitsgründen bevorzugt man solche Treibmittel, die chemisch inert, praktisch ungiftig, unbrennbar, nicht reizend und geruchlos sind. Darüber hinaus sollten sie farblos sein und möglichst gute Lösungs- oder Dispergiereigenschaften für den Inhaltsstoff besitzen.

Diese Forderungen werden weitgehend von den auch als Sicherheitskältemittel bekannten, o. g. Fluor-chlorkohlenwasserstoffen erfüllt. Ihren Eigenschaften ist es zu verdanken, daß die heute allgemein verbreitete Aerosol- bzw. Spraytechnik den ungeheuren Aufschwung genommen hat. Man konnte von den ursprünglich schweren Stahlbehältern abgehen und an ihrer Stelle leichte, billige Einweg-Blech-(-Glas- und -Kunststoff-)Behälter einsetzen.

Nach der Anwendungsform lassen sich drei Gruppen von Aerosol-Produkten unterscheiden:

- Aerosole: Feinste Verteilung der Wirkstoffe in der Raumluft, wo sie als Schwebeteilchen mit großer Oberfläche wirken. Anwendungsbeispiele sind Desinfektionsmittel, Insektizide, Raumluftverbesserer, Duftstoffe, medizinische Inhalationsaerosole usw.

- Sprühprodukte: Die Teilchen sind hier gröber und sollen eine Oberfläche benetzen. Anwendungsbeispiele sind Lacke, Politurmittel, kosmetische Artikel wie Fixative, Brillantinen, Sonnenschutzöle usw.

- Schaumprodukte: Das Treibgas verwandelt eine geeignete Emulsion beim Austritt aus dem Ventil in einen gebrauchsfähigen Schaum. Anwendungsbeispiele sind Rasierschaum, Reinigungsschaum, Schlagsahne, Panthenol-Spray, Verschäumen von Kunststoffen, z. B. Polyurethan (s. nachfolgendes Kapitel), usw.

Der Anteil des Treibmittels schwankt je nach Typ zwischen 10 und 80%. Der Betriebsdruck der Spraypackungen wird durch Wahl der entsprechenden Freone bzw. ihrer Mischungen auf 2,5 bis 3 bar bei Raumtemperatur eingestellt.

Die Anwendung der Spraytechnik bedingt heute einen ganzen Industriezweig. Unter den Treibmitteln hatten Freone zunächst den absoluten Vorrang. Noch Anfang der 70er Jahre wurden ca. 60% der Weltproduktion an Freonen für diesen Zweck eingesetzt. Bedenkt man aber, daß allein in den USA 1975 ca. 3,7 Milliarden Spraydosen produziert wurden, so wird die gewaltige Menge an mobilem Fluor deutlich, die ständig in die Atmosphäre abgegeben wird. Wegen der strahlenchemischen Zersetzung der Freone in den höheren Schichten der Stratosphäre und der dadurch möglichen negativen Beeinflussung des Ozongürtels der Erde, stellen diese bislang nicht gegebenen mobilen Fluormengen in Form von Freon-Spaltprodukten eine ökologische Belastung dar. Darum geht man heute dazu über, Gemische von Freonen und Kohlenwasserstoffen, wie Propan oder Butan, einzusetzen. Dabei bleibt die Nichtbrennbarkeit bis zu einem Gehalt von 31% Kohlenwasserstoff erhalten. Der Trend geht sogar dahin, die Freone so weit als möglich durch niedrigsiedende Alkane oder die eingangs genannten komprimierten Gase zu substituieren.

26.4.3. Treibmittel zur Polyurethan-Verschäumung

Die Schaumkunststoffe weisen bei geringem Raumgewicht eine gute mechanische Festigkeit auf und werden deshalb in immer größerem Umfange eingesetzt. Eine besonders wichtige Rolle spielen hierbei Reaktivkunststoffe, besonders die Polyurethane. Der Vorzug der Polyurethane („PUR“) für die Verschäumung besteht darin, daß der Schaum direkt bei der Kunststoffbildung aus den Rohstoffen durch Zusatz eines Treibmittels erzeugt wird.

Dadurch ist es möglich, den Schaum am Ort der Verwendung herzustellen und sogar komplizierte Formen und beliebige Abmessungen direkt ohne kostspielige Maschinen auszuschäumen.

Führt man den Prozeß so, daß im Moment der Aushärtung des Kunststoffgerüstes die Zellwände durch das freiwerdende Treibgas zerrissen werden, erhält man einen Weichschaum. Dieser wird hauptsächlich für Polstermöbel benötigt.

Wünscht man einen Hartschaum, so muß vermieden werden, daß die Zellen des aufschäumenden Kunststoffes zerreißen. Dieser Effekt wird durch Verwendung von R 11, $CFCl_3$, erreicht, indem die bei der Polyaddition freiwerdende Wärmemenge zum Verdampfen des R 11 ausgenutzt wird.

Dadurch wird das Reaktionsgemisch aufgetrieben und ein Schaum mit ca. 95% geschlossenen Zellen, ein Hartschaum, erhalten. Harte PUR-Schäume werden besonders als Wärme-Kälte-Isolationsmittel, als Verpackungsmaterial, als Oberflächenschutz, in der Schuhindustrie und zum Beschichten von Geweben eingesetzt. Das in den Zellen eingeschlossene R 11 verbleibt im wesentlichen darin. Die Wärmeleitzahl eines solchen Hartschaumes ist bei Raumtemperatur niedriger als bei üblichen Isolierstoffen. Ersetzt man einen Teil des R 11 durch R 12, tritt infolge des rascheren Verdampfens schon beim Austritt des Rohstoffgemisches eine „Vorverschäumung" ein. So hergestellte Formteile zeichnen sich durch eine sehr gleichmäßige Raumdichte und Homogenität aus, wodurch sich dünne Platten und Folien herstellen lassen.

Wiederum andere Herstellungsbedingungen und Produkteigenschaften sind gegeben, wenn z. B. ein Teil des R 11 durch das schwerer verdampfende R 113 ersetzt wird.

Durch die große Variationsbreite hat die Polyurethan-Verschäumung eine rapide Entwicklung durchlaufen.

26.4.4. *Reinigungsmittel*

Die Freone R 11, R 12 und R 113 sind vielseitig anwendbare Lösungs- und Reinigungsmittel. Sie erfüllen die Anforderungen, denen ein Lösungsmittel für die chemische Reinigung genügen muß:

Sie lösen den Schmutz und beseitigen Flecken, ohne das Gewebe anzugreifen oder zu verfärben, sie sind chemisch neutral, geruchlos, nicht feuergefährlich und nicht giftig.

So besitzt R 11 mit einem *MAK*-Wert 1000 und einer mittleren narkotischen Konzentration von 335 g/m³ Raumluft wesentliche Vorteile gegenüber den auch als Reinigungsmittel verwendeten Chlorkohlenwasserstoffen, deren narkotische Konzentration um eine volle Zehnerpotenz niedriger liegt.

Weiterhin besitzen R 11 und R 12 wegen ihrer niedrigen Siedepunkte, günstigen Dampfdrücke und des günstigen Wärmebedarfs bei der Trocknung einen wesentlichen Vorteil bei der Konstruktion von geschlossenen Textilreinigungsautomaten im Vergleich zur Verwendung der herkömmlichen Substanzen, wie Perchloräthylen. Die gereinigte Ware braucht nicht nachgebügelt zu werden, da infolge der niedrigen Verdampfungstemperatur keine Verknitterung eintritt.

R 113 hat in der Metall- und Kunststoffreinigung, in der Reinigung elektrischer Anlagen und in Triebwerksanlagen von Raketen mit Flüssigtreibstoffen eine spezielle Verwendung gefunden. Dabei können komplette Anlagen (z. B. Schreib- und Rechenmaschinen, Uhren, Zählwerke, gedruckte Schaltungen) im Reinigungsmittel bei Anwendung von Ultraschall behandelt werden.

Da alle Freon-Reinigungsanlagen im geschlossenen Kreislauf, d. h. mit voller Rückgewinnung des Lösungsmittels betrieben werden, spielen Probleme des gegenüber herkömmlichen Chlorkohlenwasserstoffen höheren Preise der Freone oder der Umweltbelastung keine Rolle.

26.4.5. Ätzgase zum Plasmaätzen

Beim Plasmaätzen handelt es sich um Umsetzungen einer festen Substanz mit sehr reaktionsfähigen Radikalen. Diese werden aus einem nicht aggressiven Ausgangs-Gasgemisch durch Plasmaanregung erzeugt. Nach Abschalten der Anregung wird eine sofortige Unterbrechung des Ätzvorganges erreicht und die Radikalbildung sofort gestoppt. Nachfolgende Korrosionserscheinungen treten, im Gegensatz zum Naßätzen, nicht auf. Dieses Verfahren wird deshalb zunehmend zum Ätzen dünner Schichten, insbesondere auf dem Gebiet der Mikroelektronik, angewendet.

Die zu verfolgenden Ziele bestehen, geordnet nach der chemischen Verschiedenheit der interessierenden Substanzen, in einem

- Abtrag von Lackschichten (Oxydation von organischen Polymeren)
- Abtrag von Silicium oder anderen Metallen
- Abtrag von Verbindungen mit positiven und negativen Bestandteilen (Legierungen, $A^{III}B^{V}$-Verbindungen, Oxiden, Nitriden, Carbiden).

Für den Abtrag von Lackschichten, aber auch von Nitriden und Carbiden, werden Sauerstoffplasmen empfohlen. (Die Oxydation läuft über angeregten molekularen Sauerstoff und einen geringen Anteil an atomarem Sauerstoff.)

Für die anderen Substanzen werden Perfluorkohlenstoffe, speziell CF_4, und/oder Freone (bisweilen auch Chlorkohlenstoffe) als Zusatz zu einem Argon- oder Sauerstoffplasma verwendet.

Zum Beispiel folgende Ätzgasgemische:

	zum Ätzen von
CF_4; $CF_4 + O_2$; CF_2Cl_2	Si
CF_4	Polykrist. Si, Mo, W
CF_4; $CF_4 + O_2$	Si_3N_4
CF_4; $CF_4 + O_2$; CF_2Cl_2; C_3F_8; HF	SiO_2

	zum Ätzen von
$C_2F_4Cl_2$	Au
$C_2F_4Cl_2 + O_2$; $C_2F_3Cl_3 + O_2$	Pt
CF_4	Ti
CF_4	Ta
CF_2Cl_2	GaAs
Cl_2; CCl_4; CCl_4 + Luft	Cr
Cl_2; CCl_4	Cr_2O_3
CCl_4; $CCl_4 + Ar$	Al

Es wird die Auffassung vertreten, daß die reaktiven Teilchen Halogen-, speziell F-Atome, oder OF-Radikale sind,

z. B. $CF_4 \rightarrow CF_3. + F.$

$$CF_4 \xrightarrow{O_2} CF_3\cdot + FO_2. \rightarrow CF_3. + OF. + O.$$

Die Wirksamkeit des Verfahrens sollte dabei in der Bildung von flüchtigen Fluoriden durch direkten Umsatz oder durch Austausch des Halogens gegen den negativen Bindungspartner bestehen:

$$Si + 4F. \rightarrow SiF_4$$

$$Si + 4OF. \rightarrow SiF_4 + 2O_2$$

$$SiO_2 + 4F. \rightarrow SiF_4 + O_2$$

(Sind die gebildeten Fluoride nicht flüchtig, tteten Störungen auf, wie sie bei Aluminium auch gefunden wurden.)

Aus radiochemischen Befunden geht aber hervor, daß die stark elektronegativen CX_3-Radikale (X = Halogen) die dominierenden Reaktionsträger sein sollten. Dabei können die Umsetzungen entweder direkt gemäß:

$$M + CX_3. \rightarrow M^+CX_3^- \quad (M = \text{Metalläquivalent})$$

oder bei Gegenwart von Sauerstoff über Peroxoradikale gemäß:

$$2CF_2. + O_2 \rightarrow 2CF_3O.$$

$$4CF_3O. + SiO_2 \rightarrow SiF_4 + 4CF_2O + O_2$$

verlaufen.

Mit Radikalen, die verschiedene Halogene enthalten, können analoge Reaktionen ablaufen, mit dem Unterschied, daß immer die Tendenz zur Abspaltung des schwereren Halogens und zu dessen Reaktionen mit der Wand, also der dünnen Schicht, besteht. So treten z. B. bei der Spaltung von $C_2Cl_3F_3$ die Radikale $CF_2Cl.$ und $C_2F_3Cl_2.$ auf, die bei Gegenwart von Sauerstoff die sehr reaktionsfähigen Radikale $CF_2ClO.$ bzw. $CFCl_2O.$ bilden. Das $CF_2ClO.$—Radikal reagiert z. B. mit Silicium:

$$4CF_2ClO. + Si \rightarrow SiCl_4 + 4CF_2O$$

Das nach

$$C_2F_3Cl_2. + O_2 \rightarrow CF_2O + CFCl_2O$$

gebildete $CFCl_2O.$-Radikal trägt z. B. Silicium ab:

$$4CFCl_2O. + Si \rightarrow SiCl_4 + 4CFClO$$

(Die bei dieser Reaktionsfolge entstandenen Produkte CF_2O und $CFClO$ können ihrerseits unter Anregungsbedingungen SiO_2 angreifen.)

Unter der Beachtung von Selektivitätsproblemen ist es möglich, alle in der Mikroelektronik interessierenden Verbindungstypen zur Reaktion zu bringen.

26.4.6. Feuerlöschmittel

Der Bedarf an Feuerlöschmitteln ist in den letzten zwanzig Jahren mit der Entwicklung von Industrie und Technik enorm angestiegen. Demzufolge hat auch das Feuerlöschwesen durch die moderne Chemie eine starke Wandlung erfahren. Hierbei verlagerte sich der Schwerpunkt immer mehr auf die hochwirksamen Bromfluoralkane („Halone") CF_2Br_2 (R 12B2), CF_3Br (R13 B1), CF_2ClBr (R 12B1) und CF_2Br-CF_2Br (R 114B2).

Einzeleffekte, aus denen allgemein eine Löschwirkung resultiert, sind der Verdünnungseffekt, der Stickeffekt (Fernhalten des Sauerstoffs), der Kühleffekt (Überwiegen der Wärmebindung über die Wärmeentstehung) und der antikatalytische Effekt.

Die Löschwirkung der Bromfluoralkane beruht auf dem antikatalytischen Effekt. Dabei werden in der spontan ablaufenden Reaktion zwischen der brennbaren Substanz und dem Luftsauerstoff Zwischenstufen dieser Reaktion durch Radikale der Halone abgefangen, so daß die Verbrennung gestoppt wird. Zur Erreichung dieses Effektes ist wesentlich weniger Löschmittel als zum „Ersticken" eines Feuers notwendig. (Analoge Jodverbindungen, wie z. B. CF_3J, wären noch wirksamere Radikalbildner, sie werden aber wegen des hohen Preises nicht verwendet.)

Der Vorzug der Halone besteht darin, daß sie z. B. Tetrachlorkohlenstoff in seiner Löschkapazität um das 6 bis 12fache übertreffen und weniger toxisch sind als die entsprechenden nichtfluorierten Verbindungen, auch ihre Aggressivität gegenüber metallischen Werkstoffen ist verhältnismäßig gering.

Löscheinrichtungen mit bromierten Halonen sind überall dort von Vorteil, wo mit brennbaren, flammbildenden Stoffen wie Lösungsmittel, Öle, Fette, Teere, Lacke usw. umgegangen wird. Auf Grund ihres hohen spezifischen elektrischen Widerstandes eignen sich die Halone auch zum Löschen von Bränden in elektrischen Einrichtungen. So lassen sich zum Schutz von Transformatoren, Generatoren und Einrichtungen, in denen Flüssigkeitsbrände auftreten können, stationäre Halon-Löschanlagen mit automatischer oder Handauslösung einbauen. Da die Halone aber vergleichsweise teuer sind, werden sie meist nur in Spezialfällen eingesetzt, z. B. in Passagierflugzeugen und im Militärwesen zur Brandlöschung in Flugzeugen, Raumschiffen, Panzern und U-Booten.

Neben den Halonen sind als effektive, fluorhaltige Feuerlöschmittel auch Heterocyclen mit Fünf- und Sechsringen, wie

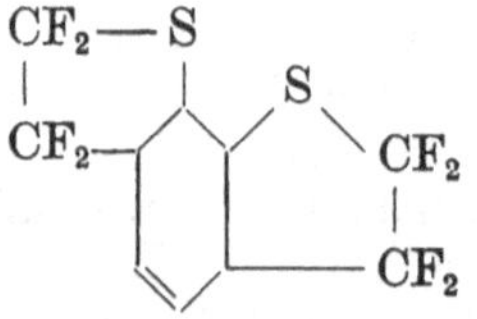

und

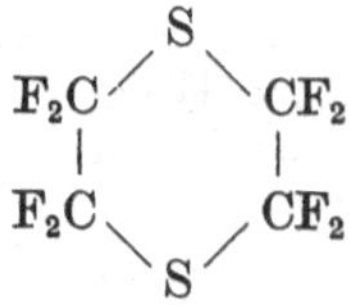

empfohlen worden.

26.4.7. *Flammschutzmittel*

Flammschutzmittel dienen dazu, bei Stoffen wie Holz, Gewebe, Papier u. a. durch Imprägnieren die Brennbarkeit herabzusetzen. Viele der hierzu verwendeten Verbindungen wirken gleichzeitig fungizid (z. B. gegen Hausschwamm und Fäulnisbakterien), was besonders bei der Holzverarbeitung sehr erwünscht ist.

Vorgeschlagen wurden hierzu Trifluordiphenyl in Lösungen von anorganischen Salzen (u. a. Hexafluorosilicaten), 3,4,5,6-Tetrafluor-1,2-dijodtoluol und Guanylmelamine, z. B. [N-(m-Trifluormethylphenyl)-guanyl]-melamin.

26.4.8. *Schmiermittel und Hydraulikflüssigkeiten*

Die Bedeutung der Produktion von Schmiermitteln höchster Qualität ergibt sich daraus, daß heute 1/3 der auf der Erde erzeugten Energie durch Reibung verbraucht wird, die Werkstoffverluste durch Reibung liegen dabei erwartungsgemäß noch höher. Deshalb verlangt die Technik für Maschinen und Aggregate unter neuen Bedingungen und extremen Betriebszuständen Schmiermittel, die außergewöhnlich hohe Anforderungen an die Viskositätsänderungen in breiten Temperaturbereichen, an chemische und thermische Resistenz, an Oxydations- und Alterungsbeständigkeit u. a. erfüllen.

Als Beispiel für auftretende extreme Betriebszustände und die damit verbundenen extremen Beanspruchungen der Schmier- und Hydraulikflüssigkeiten sind die Lagertemperaturen in Strahlturbinen zu nennen, die im Mach-1-Bereich bei ca. 350 °C liegen, während bei Fluggeschwindigkeiten von Mach 4 Lagertemperaturen von 425 °C und Ölaustrittstemperaturen von etwa 370 °C auftreten.

Schmierend wirken unter solchen Bedingungen nur noch synthetische Schmiermittel, unter denen sich die fluorhaltigen durch besondere thermische und chemische Resistenz auszeichnen. Als Beispiele seien genannt Perfluorcyclohexan, Perfluordecahydronaphthalin, seitenkettenfluorierte Anthrachinonderivate oder auch Schmiermittel, wie die durch Dampfphasenfluorierung von naphthenischen Ölfraktionen hergestellten „Perfluorolube Oiles“.

Fluorhaltige Öle und Schmierstoffe auf Fluorkohlenstoffbasis wurden erstmals während des zweiten Weltkrieges in den USA eingesetzt, als die Atomenergiekommission vor der Aufgabe stand, thermisch und chemisch äußerst stabile Öle für die Uran-Isotopentrennung zu verwenden. Diese Produkte kamen nach dem Krieg unter der Bezeichnung Perfluorokerosene FCX ($C_{12}F_{26}$ bis $C_{14}F_{30}$) und Perfluorolube Oil FCX ($C_{20}F_{42}$ bis $C_{21}F_{44}$) in den Handel.

Die Konsistenz der Perfluorkohlenstoffe liegt somit in Abhängigkeit von der Kettenlänge im Bereich von leichten Ölen bis zu zähen Fetten und Wachsen. Bei ihrer Verwendung kann die Arbeitstemperatur in Motoren und Turbinen gesteigert und damit der Wirkungsgrad erhöht werden.

Auf Grund der vorstehend genannten und weiterer günstiger Eigenschaften der flüssigen Perfluorkohlenstoffe, wie annähernd gleichbleibende Viskosität im möglichen Arbeitsbereich von -60 bis $+300$ °C, große Alterungs- und Strahlenbeständigkeit, gute Verträglichkeit mit Kondenswasser und Dichtungsmaterialien, sind diese Substanzen äußerst günstig als Hydraulikflüssigkeiten im Fahrzeugbau, in der Luft- und Raumfahrt-Technik sowie in den Rückstoßsystemen schwerer Geschütze verwendbar.

Perfluorkohlenstoffe werden weiterhin als Imprägniermittel für Dichtungen und Packungen, als Manometerflüssigkeiten, als elektrische Isolieröle und als Weichmacher für Polytetrafluoräthylen eingesetzt.

Fluorhaltige Silikonöle zeigen geringe Flüchtigkeiten, gute Oxydationsfestigkeiten, ein günstiges Temperatur/Viskositätsverhalten und gute Schmiereigenschaften. Viele dieser Charakteristika können durch gezielte Synthese in gewissen Grenzen variiert werden. Von der Westinghouse Corp. werden z. B. als Schmiermittel folgende Verbindungen (A = F, CF_3) empfohlen:

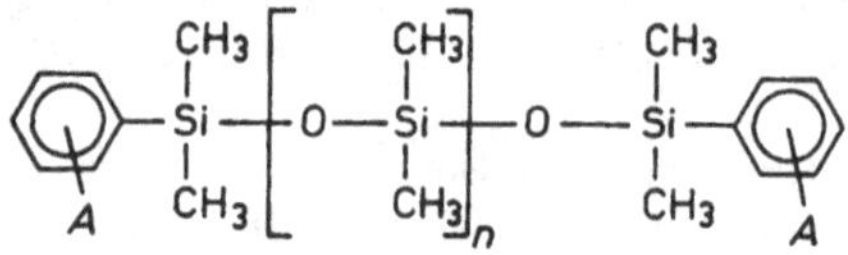

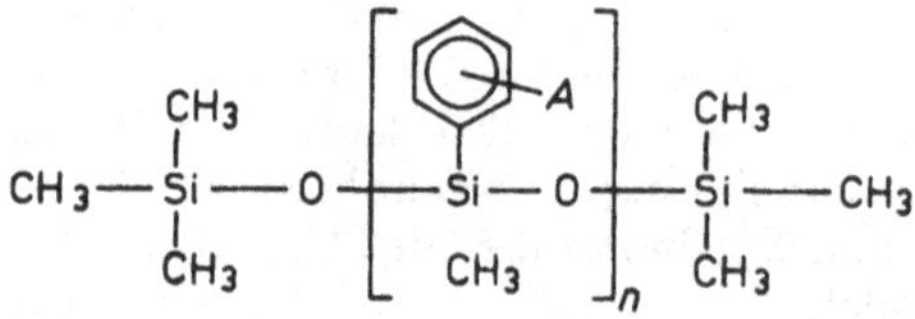

Perfluorsilikonöle werden in letzter Zeit in Kompressoren der chemischen Industrie verwendet. So können die Wartungskosten für die Kompressoren für Methylenchlorid und Chlorwasserstoff um 78% verringert werden.

26.4.9. Wärmeüberträger und Dielektrika

W ä r m e ü b e r t r a g u n g s m i t t e l werden dann angewendet, wenn die unmittelbare Erwärmung eines Reaktionsgemisches wegen der Brennbarkeit oder der Empfindlichkeit eines Produktes nicht möglich ist. Sie sollen bei hoher Temperatur einen niedrigen Dampfdruck und bei sowohl Raumtemperatur als auch dem Temperaturbereich der Anwendung eine geringe Viskosität besitzen; neben Ungiftigkeit ist auch ein niedriger Flammpunkt erwünscht.

Dielektrika sind Stoffe, die Elektrizität nicht oder nur sehr schlecht leiten. Hierzu gehören neben vielen anorganischen Stoffen einige fluorhaltige Gase (z. B. SF_6, CF_4, Freone) und Flüssigkeiten.

Die schon genannten Eigenschaften lassen die Perfluorkohlenstoffe auch zu besonders geeigneten Wärmeüberträgern und Dielektrika für hohe Ansprüche verwenden. So sind Perfluorkohlenstoffe stabil in Gegenwart von Metallen bei Temperaturen bis über 400 °C. Die Durchschlagsspannungen betragen mehr als 35 kV, die Dielektrizitätskonstanten liegen zwischen 1,80 und 1,90 (bei 25 °C und 1 kHz) und der Verlustfaktor ist kleiner als 0,0005. Die Dämpfe sind außerordentlich dicht, bei einem Druck von 1 bar haben sie Durchschlagsspannungen von ca. 35 kV. Werden sie wiederholten Durchschlägen unterworfen, regenerieren Flüssigkeit und Dampf sich selbst. Auch durch Strahlung werden die Perfluorkohlenstoffe kaum verändert.

Deshalb kommen die Perfluorkohlenstoffe als dielektrische Kühlflüssigkeiten für Hochleistungstransformatoren, elektronische Geräte, elektrische Generatoren und Motoren sowie in Verstärkerröhren und Kernenergiesystemen als Funkenlöschflüssigkeit, als Kühlflüssigkeit für Gasturbinen und als Instrumentenflüssigkeit zum Einsatz. Sie werden auch als dielektrische Kühlflüssigkeit für die extremen, unterschiedlichen Anforderungen der Elektronik-Industrie, z. B. als Radartransmitter, Hochspannungstransformatoren, Laser, Computerspeicherkerne usw. verwendet.

Als Dielektrika eingesetzt, können Perfluorkohlenstoffe auf Grund ihrer günstigen Wärmeeigenschaften zur Verkleinerung z. B. von Hochleistungstransformatoren führen. Dabei hat sich z. B. Perfluorpropan günstiger als Schwefelhexafluorid erwiesen.

26.4.10. Fluorpolymere

Fluorpolymere sind innerhalb der Plaste Spitzenerzeugnisse. Sie zeichnen sich durch hohe chemische Beständigkeit, hervorragende dielektrische Eigenschaften und hohe Temperaturbeständigkeit aus.

Die Fluorpolymeren haben die wissenschaftlich-technische Entwicklung auf vielen Gebieten revolutioniert und viele Dinge, wie die technische Nutzung der Kernenergie und die Weltraumfahrt, überhaupt erst möglich gemacht. Der Maschinen- und Apparatebau kann heute auf dem Weltmarkt nicht mehr konkurrieren, wenn er seine Erzeugnisse nicht mit Bauteilen aus Fluorpolymeren ausrüsten kann. Beim Einsatz dieser Stoffe ist auch kein moralischer Verschleiß abzusehen, da keine besseren Produkte vorhanden sind. Dabei wird der ökonomische Effekt erst nach längerer Zeit sichtbar, da der gegenüber anderen Plasten höhere Preis durch eine wesentlich längere Einsatzdauer überkompensiert wird. Die wachsende Bedeutung dieser Werkstoffe geht aus den jährlichen Verbrauchs-Zuwachsraten hervor, die ab 1968 in westlichen Ländern über 30% betragen.

Von der Gesamtmenge an verbrauchten Fluorpolymeren entfallen in Europa etwa 90% auf Polytetrafluoräthylen (PTFE), während in den USA die Menge an den übrigen Fluorplasten etwas höher liegt und der Anteil an PTFE mit etwa 70% angenommen werden kann.

Im Jahre 1968 sollen in USA 7000 t und in Westeuropa 2350 t PTFE verbraucht worden sein. Es wird geschätzt, daß bis 1985 diese Verbrauchszahlen einander gleich werden, da die jährliche Zuwachsrate in Europa (und Japan) wesentlich größer ist als in den USA.

Die Produktion an PTFE in der westlichen Welt (einschließlich Japan) wird wie folgt angegeben (in jato):

geschätzt für	1964: 8430
	1967: 11690
	1970: 17200
	1972: 20500
	1985: 28000

Die Einsatzgebiete lagen dabei im Jahre 1970 (in jato):

Elektroindustrie	:5 900
Chemische Industrie	:3 515
Raumfahrtindustrie	:2 040
Sonstige Industrie	:2 145

Im Vergleich zum PTFE spielten zu Beginn der 70er Jahre die übrigen Fluorpolymere noch eine bescheidene Rolle, mit einer Ausnahme, den Mischpolymerisaten des PTFE.

26.4.10.1. Polytetrafluoräthylen (PTFE), $[CF_2-CF_2]_n$

Im Jahre 1938 wurde Tetrafluoräthylen erstmalig von R. J. PLUNKETT zu PTFE polymerisiert. Nachdem 1944 bereits kleine Mengen hergestellt und für militärische Zwecke verwendet worden waren, wurde 1947/48 dieser Kunststoff für den allgemeinen Bedarf freigegeben.

Herstellung: Das Ausgangsprodukt, das monomere Tetrafluoräthylen, wird durch Pyrolyse von Difluorchlormethan bei 600 bis 800 °C erhalten:

$$2\,CHF_2Cl_2 \rightarrow CF{=}CF_2 + 2\,HCl$$

Das Monomere (Sdp. – 76,3 °C) neigt zur Spontanpolymerisation und unter der Wirkung der dabei freigesetzten Energie zu einer explosionsartigen Zersetzung:

$$C_2F_4 \rightarrow C + CF_4; \qquad \Delta H = -60\,\mathrm{kJ\cdot mol^{-1}}$$

Erst unter –30 °C ist dieser Zerfall nicht mehr möglich.

Man unterscheidet zwei Polymerisationstypen, die Suspensions- und Dispersionspolymerisation.

Bei der Suspensionspolymerisation fällt das Polymerisat in feinkörniger Form in Wasser verteilt an.

Die Dispersions- bzw. Emulsionspolymerisation des Tetrafluoräthylens gelingt nur mit ganz bestimmten Emulgatoren. Einer der wenigen, der die Polymerisation nicht stört und trotzdem emulgiert, ist die Perfluoroctansäure (0,1%ig). Man erhält dabei eine 20—30%ige wäßrige Dispersion von PTFE mit einer Teilchengröße von etwa 0,1 bs 0,3 µm. Die Dispersion kann je nach Verwendungszweck verschieden aufgearbeitet werden. Bei Ausfällen des Feststoffes erhält man ein feinteiliges, weiches Pulver.

Will man das PTFE in dispergierter Form verarbeiten, muß die Dispersion nach Zusatz eines Stabilisators auf 60% Feststoffgehalt konzentriert werden. Mit solchen Dispersionen lassen sich dann Tränkungen und Beschichtungen aller Art durchführen.

Im Handel ist PTFE erhältlich als

Suspensionspolymerisate
Dispersionspolymerisate
aus Dispersionen gefälltes Pulver (Koagulate)
Paste (in Form einer thixotropen Masse)
Spray

Geschützte Handelsnamen sind

Teflon	DuPont
Hostaflon TF	Farbwerke Hoechst
Fluon	ICI
Algoflon	Montecatini
Tarflen	Stickstoffwerk Tarnow

Das in der UdSSR produzierte PTFE wird unter der Bezeichnung „Ftorlon 4" vertrieben.

Eigenschaften: PTFE besitzt eine hohe Molmasse ($>$1 Mill) und eine kettenförmige Struktur, wobei die C—C-Kette von den F-Atomen vollkommen umhüllt ist. Diese Struktur bewirkt

- eine hohe Chemikalienbeständigkeit. PTFE ist in allen Substanzen unlöslich und wird nur von elementarem Fluor (bei erhöhtem Druck und/oder erhöhter Temperatur) und geschmolzenen Alkalimetallen angegriffen,

- ein starkes adhäsives Verhalten und einen geringen Reibungskoeffizienten, da nach außen keine Restvalenzen wirksam sind. Dadurch unterscheidet sich PTFE nicht nur gegenüber Polyäthylen sondern gegenüber allen anderen Kunststoffen,

- ein günstiges elektrisches Verhalten, hervorgerufen durch die starr angeordneten CF_2-Gruppen und die minimale Elektronenbeweglichkeit. PTFE hat die niedrigste Dielektrizitätskonstante und den niedrigsten Verlustwinkel aller Plastwerkstoffe, außerdem einen hohen spezifischen Durchgangs- und Oberflächenwiderstand,

- eine Dauertemperaturbeständigkeit von −190 bis +260 °C. Kurzzeitig ist PTFE auch ohne einen merklichen Abbau bis auf 390 °C erhitzbar; darüber hinaus besitzt PTFE eine ausgezeichnete Witterungsbeständigkeit und ist physiologisch vollkommen unbedenklich.

Die wichtigsten mechanischen, elektrischen und physikalischen Eigenschaften sind in Tab. 18 angegeben.

Verarbeitung: PTFE ist kein echter Thermoplast und läßt sich nicht nach den von anderen thermoplastischen Polymerisaten bekannten Verfahren verarbeiten. Man bedient sich bei der Verarbeitung von Suspensionspolymerisaten der Press-Sinter-Technik. Hierbei wird das Pulver kalt mit 250 kg/cm² in die Form, die es einmal haben soll, verpreßt. Man bekommt einen Festkörper, der verhältnismäßig wenig Festigkeit, aber bereits die gewünschte Form besitzt. Dann wird auf 380°C geheizt und einige Zeit bei dieser Temperatur belassen. Dabei geht das Pulver in einen Gelzustand über und die Körner des Pulvers sintern zu einem kompakten Block zusammen. Auf diese Weise stellt man Platten oder Vollstücke her. Normal spanabhebende Verarbeitung gestattet es dann, daraus alle gewünschten Gegenstände anzufertigen.

Nach dem gleichen Prinzip arbeitet die Extrusionstechnik. Das Polymerisat wird in einem Extruder vorverdichtet und durch eine auf 380 °C geheizte Zone gedrückt, wo es sintert und als kompaktes Halb- oder Fertigfabrikat ausgetragen wird. Auf diese Weise werden bevorzugt Rohre, Stäbe und verschiedene Profile hergestellt.

Eine Spezialtechnologie wird bei der Verarbeitung von aus Dispersionen gefällten Pulvern angewendet. Das Pulver wird mit einem Verdünnungsmittel, z. B. Benzin, von dem es benetzt wird, angeteigt und nach einem Reifeprozeß von einigen Stunden in der Kälte extrudiert. Durch Erwärmen wird das Verdünnungsmittel entfernt und durch anschließendes Sintern das mechanisch feste Endprodukt hergestellt. So lassen sich vor allem dünnwandige Profile, dünne Rohre, Drahtummantelungen und Treibstoffschläuche extrudieren.

Das PTFE-Koagulat kann auch zur Herstellung ungesinterter Bänder genutzt werden. Hierbei gebraucht man ein nichtflüchtiges Verdünnungsmittel, z. B. Vaseline. Ein extrudierter Strang wird zu einer Folie breitgewalzt und in Bänder der gewünschten Breite geschnitten.

Die PTFE-Dispersion dient zum Beschichten von Metallen und Glasfasergeweben, auf die sie durch Aufspritzen oder Tauchen aufgetragen wird. In einem Backprozeß wird die Schicht getrocknet und anschließend gesintert. Meist muß dieser Vorgang mehrmals wiederholt werden, um die gewünschte Schichtdicke zu erzielen.

Wenn ein Film ohne Haftvermittler auf eine polierte Metallplatte aufgetragen wird, kann man ihn abziehen, und man erhält sehr dünne Folien. Eine andere Möglichkeit, Folien herzustellen, besteht darin, daß der Film auf eine Metallfolie aufgebracht wird, die später chemisch zerstört wird. Um elektrische Drähte zu ummanteln, werden diese durch die Dispersion gezogen. Anschließend wird der Draht durch Strom auf 380 °C geheizt.

Für eine dauerhafte Beschichtung von Metallen ist es notwendig, den Untergrund mit Haftvermittlern (z. B. Mischung von Chromphosphorsäure und PTFE-Dispersion) vorzubereiten, damit der eigentliche PTFE-Überzug eine ausreichende Haftung besitzt. Dieser

PTFE-Überzug verleiht dem Metall eine stark antiadhäsive, gleitfähige Oberfläche.

Für die weitere Bearbeitung der PTFE-Fertigfabrikate ergibt sich insofern ein Nachteil aus der mangelnden Affinität des PTFE, als es ohne Vorbehandlung nicht geklebt werden kann. Mit Alkalimetall, gelöst in flüssigem Ammoniak, läßt sich aber die Oberfläche des PTFE anätzen, so daß man auf diese Stelle z. B. mit Epoxidharzklebern kleben kann. Es können aber auch PTFE-Teilstücke durch Tränken mit Chloropren-Polychloropren-Mischungen bei Zimmertemperatur und anschließendes Aufeinanderpressen zu einer festen Verbindung verklebt werden.

Anwendung: Das Hauptanwendungsgebiet für PTFE ist auf Grund seiner guten dielektrischen Eigenschaften die Elektrotechnik und Elektronik, die fast die Hälfte des erzeugten PTFE verbrauchen. Hier wiederum ist die Hochfrequenztechnik z. B. im Senderbau für Koaxialkabel, Stekker usw. das Haupteinsatzgebiet. Weiterhin wird es überall dort eingesetzt, wo neben einer guten elektrischen Isolation eine hohe Temperaturbeständigkeit gefordert wird, z. B. als Isolationsmaterial für Heizwicklungen und für vielfältige Aufgaben in Raum- und Luftfahrt. Auch die Raumanzüge der amerikanischen Astronauten waren bei den Mondlandeunternehmungen außen mit PTFE beschichtet.

Ein weiterer Abnehmer für PTFE ist die chemische Industrie, in der die hohe Chemikalienbeständigkeit genutzt wird. Mit PTFE ausgekleidete Rohre und Geräte können zur Förderung aggressiver Medien verwendet werden. Ein Spezialanwendungsgebiet sind dabei Falgenbälge in flexiblen Rohrleitungen. Als Dichtung in Flanschverbindungen kann PTFE allein wegen seiner Steifheit nicht verwendet werden. Man bedient sich hierbei der Lippendichtung, bei der die Elastizität durch Unterlegen weicher Materialien (Silikonkautschuk, Asbest u. a.) erreicht wird. Andere chemikalienbeständige Dichtungen und Packungen erhält man z. B. durch Tränken von Asbestschnüren mit PTFE-Dispersionen, die nach dem Sintern des aufgebrachten PTFE chemisch völlig unangreifbar werden. Die guten Gleiteigenschaften des Materials werden hauptsächlich im Maschinenbau genutzt. So ist mit Hilfe von PTFE die Herstellung wartungsfreier Lager, d. h. von Lagern, die nicht mit Fetten geschmiert werden müssen, möglich. Solche Lager haben außerdem noch den Vorteil, daß sie bei Temperaturen von −200 bis +260 °C eingesetzt werden können.

Umfangreichen Einsatz haben PTFE-Kolbenringe bei Trockenlaufverdichtern erhalten.

Da PTFE bei Druckbelastung sogenannten kalten Fluß zeigt, werden Druckfestigkeit, Härte und Wärmeleitfähigkeit durch Einmischen von Füllstoffen erhöht. Als Füllmaterialien haben sich Glasfasern, Glaspulver, Graphit, Bronze und Molybdänsulfid bewährt. Dabei wird z. B. durch Glasfasereinlagen in PTFE dessen Hochtemperaturbeständigkeit verzehnfacht, während die Druckbeständigkeit 30—40fach höher ist. PTFE wird mit Bronzeeinlagen zu Kupplungsbelägen und mit Chromstahleinlagen zu elektromagnetischen Kupplungen verarbeitet.

Eine nützliche Anwendung hat ungesintertes PTFE-Gewindeband oder eine thixotrope PTFE-Paste (sog. „Formula 8“) in Verschraubungen anstelle der früher üblichen Hanfdichtungen gefunden. Dabei wird eine bedeutende Arbeitsproduktivitätssteigerung bei Montagen erzielt, denn es wird nicht nur eine absolut beständige Dichtung erzielt, sondern auch das Zukorrodieren von Gewindeverbindungen verhindert, so daß diese auch nach Jahren noch mühelos geöffnet werden können.

Die guten Gleiteigenschaften werden weiterhin im Brückenbau genutzt, wo gekapseltes PTFE als Gleitauflage verwendet wird. In gleicher Weise kann es auch als Auflage für Rohrleitungssysteme dienen. PTFE-beschichtete Förderbänder, Förderschnecken, Rutschen, Rührwerke, Abstreifer, Trockentrommeln, Fülleinrichtungen in Behältern für klebrige und zähe Massen (z. B. in der Zuckerindustrie, in Bäckereien) zeigen nicht nur den positiven Effekt des geringen Abriebs, sondern gewährleisten durch die geringe Adhäsion einen hohen Materialdurchsatz.

Bei modernen Nähmaschinen werden die Nähfüße mit einer PTFE-Schicht beklebt, um bei hohen Nähgeschwindigkeiten, insbesondere bei synthetischen Fasern, eine Erhitzung und damit ein Schmelzen der Fasern zu vermeiden. Der gleiche Effekt wird durch Beschichten von Nähnadeln mit PTFE erzielt, womit besonders bei industriemäßigen Näharbeiten (speziell in der Lederindustrie) eine höhere Arbeitsproduktivität erreicht wird. Das gleiche gilt für den Einsatz PTFE-beschichteter Sägeblätter. Gut eingeführt haben sich auch Rasierklingen, deren Schneidkanten mit einem PTFE-Belag versehen sind. Diese Klingen besitzen nicht nur einen guten Oberflächenschutz, sondern gleichzeitig eine länger anhaltende, verbesserte Schneidfähigkeit. Bei Flugzeugen mit schwenkbaren Flügeln werden die Gleitlager der Schwenkmechanismen mit Erfolg in PTFE-Beschichtung ausgeführt.

Das antiadhäsive Verhalten des PTFE wird auch bei der Beschichtung von Back-, Brat- und Kochgeschirr genutzt. Dabei wird ein Anbrennen von Nahrungsmitteln verhindert, ein fettloses Braten ermöglicht und da die Speisereste in einem solchen Geschirr nicht haften, ist die Verwendung insgesamt sehr hygienisch. Glasfaserverstärkte PTFE-Folien werden als Trennmittel in Heißsiegelgeräten eingesetzt. Beim Schweißen von Polyäthylen und anderen Plastfolien erfolgt kein Verkleben der Schweißeinrichtungen.

Abschließend soll noch erwähnt werden, daß PTFE für menschliches Gewebe nicht toxisch ist und deshalb als chirurgisches Material in der Humanmedizin als Nähfäden und Organersatz verwendet wird.

26.4.10.2. Polytrifluorchloräthylen (PCTFE), $[CF_2{-}CFCl]_n$

PCTFE wurde bereits 1934 in den Farbwerken Hoechst erfunden, dort aber nicht weiterbearbeitet und erst nach dem zweiten Weltkrieg unter der Bezeichnung Kel-F in den USA auf den Markt gebracht.

Handelsnamen für PCTFE:

Ekafluvin	(VEB Chemisches Kombinat Bitterfeld)
Ftorlon 3	(UdSSR)
Kel-F	(Minnesota Mining and Manufacturing)
Hostaflon	(Farbwerke Hoechst)

Herstellung: Das monomere Trifluorchloräthylen, $CF_2{=}CFCl$ (Spd. −28 °C) wird durch Chlorabspaltung von R 113, z. B. mittels Zinkstaub in alkoholischer Lösung, hergestellt:

$$CF_2Cl{-}CFCl_2 \xrightarrow[CH_3OH]{Zn} CF_2{=}CFCl + ZnCl_2$$

Die Polymerisationsverfahren sind denen des PTFE ähnlich. Neben der Suspensions- und Dispersionspolymerisation in Wasser können auch organische Lösungs- oder Suspensionsmittel (Freone, Chloralkane, Aceton) eingesetzt werden, die teilweise als Regler zur Steuerung des Polymerisationsgrades dienen.

Eigenschaften (vgl. Tab. 18): PCTFE besitzt eine hervorragende Chemikalienbeständigkeit, die jedoch im Vergleich zum PTFE etwas verringert ist. Durch Freone und Ketone wird PCTFE beispielsweise etwas gequollen oder gelöst. Die Wasserdampfdurchlässigkeit ist allerdings geringer als von PTFE. Die mechanischen Festigkeiten sind teilweise denen des PTFE überlegen, z. B. die Zugfestigkeit, während die Bruchdehnung etwas verringert ist. Die Fertigkeitswerte nehmen beim PCTFE mit steigender Temperatur rasch ab, die Dauertemperaturbeständigkeit liegt bei 190 °C. Die Wärmealterung ist größer als bei PTFE.

PCTFE hat ein gutes elektrisches Verhalten, erreicht jedoch nicht die Spitzenwerte des PTFE. So beträgt die Durchschlagfestigkeit 200—260 kV/cm, der elektrische Verlustfaktor ca. 2% und der spezifische Widerstand 10^{18} Ohm/cm.

Verarbeitung: Die Verarbeitung gelingt nach den für Thermoplaste gebräuchlichen Methoden bei 250 bis

300 °C. Sie ist günstiger als bei PTFE. Neben den Preß-, Spritzguß- und Extrusionsverfahren können aus PCTFE-Dispersionen Beschichtungen und Folien im Tauchverfahren hergestellt werden.

Anwendung: Die Hauptanwendung liegt in der Elektrotechnik. Hierbei wird PCTFE verwendet für Kabelumhüllungen und zur Herstellung komplizierter Formkörper, als glasfaserverstärkte Laminate für Kondensatoren, als Röhrensockel und als Spaghettischläuche für Drahtisolationen. Typische Anwendungen im Maschinenbau sind Dichtungen, Ventilsitze, Rohre und Packungen aus mit Dispersionen überzogenen Materialien.

Die Anwendung in der chemischen Industrie umfaßt den Korrosionsschutz durch Auskleiden von Pumpen, Mischern, Ventilen und Strömungsmessern, als Membranen, als Antihaftmittel auf Walzen, Rührern und die Herstellung von Laborgeräten, wie Becher, Flaschen, Küvetten, Behälter, Schläuche u. a.

26.4.10.3. Polyvinylidenfluorid (PVF_2), $[CF_2-CH_2]_n$

Die Herstellung von PVF_2 gelang erstmals 1944 bei DuPont (USA).

Es wird unter den Namen

Kynar	(Pennsalt Chem. Corp.)
Du Lite	(DuPont)
Fluoropon	(De Soto Chem. Co.)

gehandelt.

Herstellung: Das monomere Vinylidenfluorid, $CF_2{=}CH_2$ (Sdp. −84 °C) wird durch thermische Dehydrochlorierung von 1,1-Difluor-1-chloräthan, R 142, erhalten:

$$CF_2Cl-CH_3 \xrightarrow[-HCl]{850\,°C} CF_2{=}CH_2$$

Aus dem Monomeren können durch radikalische Polymerisation Block-, Suspensions- und Emulsionspolymerisate hergestellt werden. Technisch bedeutsam ist die

Polymerisation in wäßriger Phase mit wasser- oder monomerlöslichen Initiatoren, z. B. anorganischen oder organischen Peroxiden.

Eigenschaften: (vgl. Tab. 18) Das Material ist in dünner Schicht klar und biegsam. Der Schmelzpunkt liegt bei 171 °C, die Dauerbeständigkeit bei 150 °C. In der Kälte ist PVF_2 bis —70 °C flexibel. Auf Grund eines hohen intermolekularen H—F-Brückenbindungsanteils besitzt PVF_2 eine hohe mechanische Festigkeit und gute Schlagzähigkeit. Es ist gegen die meisten Säuren, Laugen, Lösungsmittel und Halogene (außer Fluor) beständig, wird jedoch schon bei Raumtemperatur von konz. Schwefelsäure angegriffen. Nur stark polare Lösungsmittel, wie Aceton oder Dimethylacetamid, rufen Quellung und teilweise Auflösung hervor. PVF_2 ist physiologisch unbedenklich, es besitzt eine hohe Wetterbeständigkeit und günstige elektrische Eigenschaften.

Darüber hinaus hat PVF_2 spezifische Festkörpereigenschaften, wie Piezo- und Pyroelektrizität, die dann zum Ausdruck kommen, wenn die polaren Gruppen durch elektrische Felder in eine Vorzugsrichtung gebracht werden. Die starke Piezoelektrizität von PVF_2 wurde 1962 von japanischen Wissenschaftlern entdeckt. Mit dem pyroelektrischen Effekt hat man sich später vor allem in den USA beschäftigt.

Von den beiden stabilen kristallinen Modifikationen des PVF_2 zeigen bei der Modifikation I in der Polymerkette die CH_2-Gruppen nach der einen und die CF_2-Gruppen nach der anderen Seite, dadurch wird die gesamte Kette elektrisch polarisiert (Dipolmoment pro Volumen). Diese Polarisation ist das charakteristische Merkmal der Pyroelektrika. Bei der Modifikation II sind die CH_2- und CF_2-Gruppen helixförmig um die Kette gewendelt. Dadurch verändern die CF_2-Gruppen entlang der Kettenachse ihre Richtung, es resultiert also kein Dipolmoment in der Kette, so daß diese Modifikation nicht zu den Pyroelektrika zählt. Im allgemeinen existieren beide Modifikationen nebeneinander, jedoch entsteht durch Recken des Materials im Temperaturbereich 50 bis 120 °C und Temperaturbehandlung unter hohem Druck bevorzugt die Modifikation I. Durch elektrische Felder lassen sich bei erhöhter Temperatur die statistisch angeordneten kristallinen Bereiche im PVF_2 ausrichten. Dieser Orientierungszustand kann dann beim Abkühlen „eingefroren" werden. Auf diese Weise können physikalische Effekte, wie Piezo- und Pyroelektrizität, die auf Grund der spezifischen Struktur der Polymeren nur mikroskopisch auftreten, auch in makroskopischen Dimensionen induziert werden.

(Der pyroelektrische Effekt tritt an Kristallen auf, die ohne äußere Kraft ein permanentes Dipolmoment aufweisen. Schwankt an einem derartigen Kristall die Temperatur, so ändert sich als Folge davon die Polarisation und damit der Ladungszustand an den Kristalloberflächen. Dieser Effekt wird heute zunehmend in den pyroelektrischen Infrarot-Empfängern und -Bildwandlern genutzt.

Materialien mit einer permanenten Volumenpolarisation sind nicht nur pyro- sondern auch zwangsläufig piezoelektrisch, denn sie reagieren auf mechanische Spannungen mit einer Änderung ihres permanenten Dipolmomentes. PVF_2-Filme zeigen eine Piezoelektrizität, die jene klassische Piezoelektrika, wie Quarz und Turmalin, um mehr als eine Größenordnung übertrifft.)

Verarbeitung: PVF_2 läßt sich nach den üblichen bei Thermoplasten angewendeten Verfahren verarbeiten. Das Spritzen und Extrudieren wird bei 200 bis 275 °C durchgeführt.

Anwendung: Auf Grund seiner hohen Witterungsbeständigkeit ist das Hauptanwendungsgebiet der Außenaufzug auf Metallen, Beton, Mauerwerk, Holz, Leder, Plasten und Papier. PVF_2 ist außerordentlich beständig gegen jeglichen Abrieb, Strahlung, Verfärbung und schützt die Unterlagen langjährig gegen Korrosion. Werden z. B. Aluminium- und Stahlblechteile mit PVF_2-Lösungen oder -Dispersionen lackiert und einer Filmbildungstemperatur von ca. 230 °C unterworfen, soll die Witterungsbeständigkeit dann mindestens 25 Jahre betragen.

In der chemischen Industrie wird PVF_2 für Leitungen,

Dichtungen und als Auskleidematerial für Rohrleitungen, Behälter, Ventile und Pumpen benutzt. Damit wird der günstigste Korrosionsschutz erreicht.

In der Elektronik und Elektrotechnik dient PVF_2 als Isolationsmaterial. Seine hohe Flexibilität über einen weiten Temperaturbereich macht es für den Flugzeugbau unentbehrlich.

PVF_2 kann auch aus seiner Lösung zu Fäden versponnen werden, die sich durch hohe chemische und mechanische Festigkeit auszeichnen und die spezifisch schwereren PVC-Fäden in Form von Geweben erfolgreich substituieren.

Mit dem Auftreten der physikalischen Effekte von Piezo- und Pyroelektrizität bei PVF_2 hat sich erst in jüngster Zeit dessen Einsatz zum Wandeln mechanischer und thermischer Signale in elektrische Größen ergeben.

Pyroelektrische Strahlungsempfänger auf PVF_2-Basis eignen sich zum Nachweis elektromagnetischer Strahlung, insbesondere im IR-Bereich. Ihre größten Vorteile bestehen darin, daß sie bei Raumtemperatur arbeiten und ihre Empfindlichkeit unabhängig von der Wellenlänge der nachzuweisenden Strahlung ist. Im Gegensatz zu den aufwendigen Halbleiter-Detektoren lassen sich PVF_2-Empfänger billig herstellen. Sie eignen sich aber nicht nur zum Nachweis extrem kleiner Strahlungsleistungen, sondern sie können auch vorteilhaft zur Registrierung kurzzeitiger Laserimpulse eingesetzt werden.

Auf der Basis von PVF_2-Wandlerelementen wurden mit großem Erfolg in Japan Lautsprecher, Stereo-Kopfhörer, Mikrophone und Lautsprecher entwickelt. Auch in der Medizin können PVF_2-Wandlerelemente in Kontrollgeräten für die Atmung und den Herzschlag eingesetzt werden. Zu diesem Zweck werden beidseitig metallisierte PVF_2-Bänder um den Brustkorb gespannt; dessen Umfang ändert sich beim Atmen und erzeugt in den Bändern elektrische Spannungsimpulse. Diese elektrischen Signale lassen sich ohne zusätzliche Verstärkereinrichtungen registrieren.

26.4.10.4. *Polyvinylfluorid (PVF)*, $\{CH_2-CHF\}_n$

Handelsnamen für PVF:

Tedlar (DuPont)
Dalvor (Diamond Alkali)

Herstellung: Das technisch wichtigste Verfahren zur Herstellung des monomeren Vinylfluorids ist die Anlagerung von HF an Acetylen in Gegenwart von Katalysatoren:

$$CH{\equiv}CH + HF \rightarrow CH_2{=}CHF$$

Andere Verfahren benutzen die Anlagerung von HF an Vinylchlorid mit anschließender Abspaltung von HCl:

$$CH_2{=}CHCl + HF \rightarrow CH_3CHClF \xrightarrow{-HCl} CH_2{=}CHF$$

oder die zweifache HF-Addition an Acetylen unter Bildung von 1,1-Difluoräthan, das anschließend einer thermischen HF-Abspaltung unterworfen wird:

$$CH{\equiv}CH + 2\,HF \rightarrow CHF_2{-}CH_3 \xrightarrow{-HF} CHF{=}CH_2$$

Die radikalische Polymerisation von Vinylfluorid (Sdp. −72 °C) ist schwierig. Sie wird in wäßriger Suspension bei Ausschluß von Sauerstoff in Gegenwart von Benzoylperoxid bei 85 °C und 300 bar durchgeführt.
Eigenschaften (vgl. Tab. 18): PVF ist ein weißes Pulver mit einem Schmelzpunkt von ca. 200 °C. Die Dauertemperaturbeständigkeit liegt zwischen −70 und 105 °C. Es ist beständig gegen Basen und nichtoxydierende Säuren und unterhalb 100 °C in organischen Lösungsmitteln unlöslich. Oberhalb dieser Temperatur löst es sich in Cyclohexanol, Cyclohexanon, Dimethylformamid und Tetramethylensulfon.

Filme aus PVF haben eine hohe Dielektrizitätskonstante, gute dielektrische Festigkeit und mittleren elektrischen Widerstand und Verlustfaktor. Die Filme sind fest, zäh, flexibel, klar, durchlässig für sichtbares und ultraviolettes Licht sowie äußerst widerstandsfähig gegen Verwitterung. Die Festigkeit ist, wie bei PVF_2, auf zusätzliche intermolekulare H—F-Brückenbindungen zurückzuführen.

Verarbeitung: Das Pressen von hochpolymerem PVF wird oberhalb 200 °C zusammen mit Stabilisatoren und Weichmachern vorgenommen, um die maximale Schlagzähigkeit zu erreichen. Das unstabilisierte Material kann aus Lösungen zu Filmen gegossen werden. PVF wird weitgehend zu derartigen Filmen verarbeitet.

Anwendung: Die Anwendung erfolgt hauptsächlich als klebefähige und nichtklebefähige Folie. Sie dient zur Beschichtung von Metallen, Mauerwerk, Plasten und anderen Werkstoffen. Die Oberfläche des darunterliegenden Stoffes bleibt dabei voll sichtbar. Die Haupteinsatzgebiete sind das Bauwesen sowie die Farben- und Lackindustrie. Im letztgenannten Fall ist PVF auch als Dispersion verwendbar. Für die Elektroindustrie sind die Hydrolysebeständigkeit, die Durchschlagfestigkeit und hohe Dielektrizitätskonstante von Interesse.

26.4.10.5. Mischpolymerisate

Neben den Homopolymeren, die durch Polymerisation chemisch individueller Monomere entstehen, lassen sich Polymere darstellen, die zwei oder mehr Komponenten umfassen, von denen einige oder alle Fluor enthalten. Die Eigenschaften der Mischpolymere (Copolymere) können in ihren physikalischen, mechanischen und elektrischen Parametern von Fall zu Fall von den Eigenschaften der einzelnen copolymerisierenden Komponenten verschieden sein, in ihrer ausgezeichneten chemischen Widerstandsfähigkeit stimmen sie weitgehend überein.

— Tetrafluoräthylen-Hexafluorpropylen-Copolymere:

$$\left[CF_2-CF_2\right]_n \left[\underset{\displaystyle CF_3}{\underset{|}{C}F}-CF_2\right]_m$$

Tetrafluoräthylen kann mit Hexafluorpropylen, $CF_3CF{=}CF_2$, in verschiedenen Mengenverhältnissen mischpolymerisiert werden. Diese Copolymere wurden von DuPont entwickelt, zwei davon haben technische Bedeutung erlangt und sind im Handel:

- „Teflon FEP“: 60 Mol % $CF_3CF{=}CF_2$ und 40 Mol % C_2F_4
  Kurzbezeichnung: P–FEP
- „Teflon 6 C“: 1 Mol % $CF_3CF{=}CF_2$ und 99 Mol % C_2F_4

Darstellung: Die Mischpolymerisation erfolgt analog den Bedingungen der Polytetrafluoräthylen-Polymerisation, also im wäßrigen Medium mit Peroxid bei Temperaturen zwischen 0 und 30 °C.

Eigenschaften (vgl. Tab. 18): Die Copolymere, besonders P-FEP, sind im Gegensatz zum PTFE als Thermoplaste verarbeitbar, sie lassen sich verspritzen und verschweißen. Die chemische Beständigkeit und die elektrischen Eigenschaften der Mischpolymerisate gleichen denen des PTFE. „P-FEP“ ist durchsichtig, glasklar und hat eine wachsartige Oberfläche. Seine Dauerbeständigkeit liegt bei 200 °C, also 60° tiefer als die des PTFE. Wenn es auf Temperaturbeständigkeit ankommt, wird „Teflon 6 C“ empfohlen, das allerdings wieder schwieriger zu verarbeiten ist.

Anwendung: „P-PEF“ läßt sich leicht zu Rohren, Schläuchen, Folien und Geweben sowie zu Formpreß- und Spritzgußteilen verarbeiten. Das Hauptanwendungsgebiet ist die Elektrotechnik und Elektronik, wobei das Material für Kabelummantelungen, als Einbettmasse für flexible, gedruckte Schaltungen, als Bauteile in der Hochfrequenztechnik und in Form von Folien für Kondensatoren und Transformatoren verwendet wird.

– Weitere Mischpolymerisate, einschließlich Fluorelastomere:

Entsprechend den zahlreichen Möglichkeiten der Mischpolymerisation lassen sich eine Reihe von Co- und Terpolymeren mit bestimmten Gebrauchswerteigenschaften herstellen, von denen an dieser Stelle nur die jeweiligen Monomerenkombinationen angeführt sind, die bereits getestet bzw. eingesetzt wurden:

- Tetrafluoräthylen + Trifluorchloräthylen
- Tetrafluoräthylen + Vinylfluorid
- Tetrafluoräthylen + Vinylchlorid
- Tetrafluoräthylen + Hexafluorpropylen + Vinylidenfluorid
- Tetrafluoräthylen + Trifluornitrosomethan
- fluorierte Halogenolefine + nichtfluorierte Olefine oder Diene
- Trifluorchloräthylen + Hexafluorpropylen + Äthylenoxid
- Trifluorchloräthylen + α,β,β-Trifluorstyrol + Styrol
- 1,1-Difluor-2,2-dichloräthylen + Vinylacetat
- 1,1-Difluor-2,2-dichloräthylen + Styrol
- 1,1-Difluor-2,2-dichloräthylen + Butadien + Isopren
- 1,1-Dihydroperfluoralkylacrylate + Butadien
- Trifluorpropen + Methylchlorsilane
- Hexafluoraceton + Vinylmonomere

Alle bisher beschriebenen Homopolymere und Mischpolymere haben durchweg einen linearen Aufbau.

Einige davon lassen sich durch Vernetzung (Vulkanisieren) in räumliche Polymere mit den typischen Eigenschaften von Elastomeren (Gummi) überführen.

Zum Zwecke dieser Vernetzung müssen im Polymerisat entweder noch Doppelbindungen vorhanden gewesen oder durch nachträgliche Abspaltung von Atomen bzw. Atomgruppen zusätzlich geschaffen worden sein. Die räumliche Verknüpfung kann dann durch freie oder freigewordene Bindungen entweder unmittelbar oder über die für Vulkanisationen üblichen zusätzlichen Brückenbindungsatome, je nach geforderter Elastizität, erfolgen.

Wenn also im Ausgangspolymerisat, z. B. über den Einbau von Dienen, keine freien Doppelbindungen vorhanden sind, können z. B. durch HF-Abspaltungen in Gegenwart von Metalloxiden (als HF-Akzeptoren) und organischen Aminen aus den Anteilen des Moleküls, die u. a. dem Vinyliden- bzw. Vinylfluorid entstammen, die zur Vulkanisation erforderlichen Doppelbindungen intermediär geschaffen werden. Polymere auf Trifluoräthylen-Basis, die keine Doppelbindungen enthalten, lassen sich durch Abspaltung von Chloratomen zwischen verschiedenen Ketten vernetzen.

Die geeignetsten Vulkanisate sind diejenigen, die mit einem Block-Polyamid-Vulkanisator, wie Hexamethylendiamid-Carbamat oder Isocyanat-Amin-Kombinationen, und verschiedenen Metalloxiden als Säureakzeptoren verarbeitet sind. Zum Einstellen der Härte können auch Ruße verwendet werden.

Die bislang wichtigsten Fluorelastomere:

Mischpolymerisat Vinylidenfluorid-Hexafluorpropylen

Das Elastomer besteht aus etwa 80% CH_2CF_2, es trägt die Kurzbezeichnung „FPM" und wird unter den Handelsnamen

Viton (DuPont)
Fluorel (Minnesota Mining Manuf.)

auf den Markt gebracht.

Die Eigenschaften des Vulkanisats hängen stark von der Mischung und den Vulkanisationsbedingungen ab.

„FPM" ist gegenüber Schmiermitteln, heißen Hydraulikölen, Kraftstoffen, Aromaten, Säuren und Laugen sowie Ozon und 90%igem H_2O_2 beständig. Nicht inert ist es gegen Ester, Äther, Ketone und Amine. Es ist wetter- und temperaturbeständig von —50 bis 280 °C.

Einsatzgebiete sind Dichtungen für Hochdruck und Hochvakuum, Ventile, Membranen, Schläuche, Schlauch- und Behälterauskleidungen, speziell Kraftstoff- und Hydraulikleitungen im Flugzeug- und Raketenbau, Beschichten bzw. Imprägnieren von Geweben, Behältern und Apparaturen, Handschuhe und Schutzkleidung, Bremskappenmaterial für Scheibenbremsen, Drahtisolierung.

Mischpolymerisat Vinylidenfluorid-Trifluorchloräthylen

Entsprechend den Zusammensetzungen

30% CF_2CFCl „Elastomer 3700" (Kellog Comp).
70% CH_2CF_2

und

50% CF_2CFCl „Kel-F 5500" (Kellog Comp.)
50% CH_2CF_2

werden zwei Typen von „Kel-F-Elastomeren" hergestellt.

Sie sind temperaturbeständig von —40 bis 200 °C und besitzen eine gute Zugfestigkeit. Unter Druck neigen sie jedoch zur plastischen Verformung. Insgesamt sind die Eigenschaften nicht so günstig wie die von „FPM".

Gemische von Kel-F-Elastomeren und Kel-F-Polymeren besitzen kittartige Konsistenz und werden in Pastenform als Korrosionsschutzmittel verwendet.

Elastomere der Acrylsäureester von Dihydroperfluoralkanolen,

$Rf-CH_2-O-COCH=CH_2$ (Rf = Perfluorgruppe)

Verbindungen dieses Typs zählen zu den Kohlenwasserstoff-Fluorkohlenstoff-Mischpolymeren.

Das Monomer wird durch Umsatz von Acrylsäure bzw. Acrylsäurechlorid bzw. Methacrylsäure mit einem perfluorierten Alkohol ($Rf-CH_2OH$) der Kettenlänge C_4 bis C_{10} erhalten.

Durch Polymerisation entstehen weiche, thermoplastische Kunststoffe, z. B.:

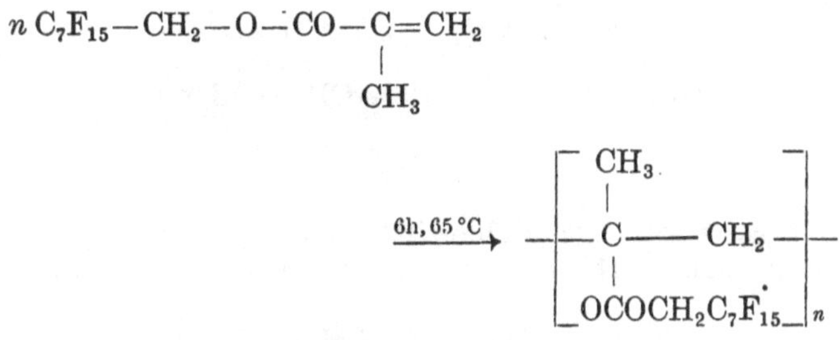

die durch aliphatische Amine mit Ruß als Füllstoff vulkanisiert werden.

Die Vulkanisate zeichnen sich durch gute, gummiartige Elastizität und Beständigkeit gegenüber Treibstoffen, Ölen, Lösungsmitteln und aggressiven Substanzen wie oxydierenden Säuren, Ozon und sogar Fluor (unter Normalbedingungen) aus.

Handelsbezeichnungen: Fluoro Rubber (Minnesota Mining Manuf.)

Diese Stoffe haben eine sehr große industrielle Bedeutung erlangt, weil sie die normalen Gummiprodukte überall dort erfolgreich ersetzen können, wo es auf hohe Temperaturbeständigkeit und Beständigkeit gegenüber Paraffinkohlenwasserstoffen (Schmier- und Kraftstoffe) ankommt. Fluorgummi sind ideale Dichtungsmaterialien, da sie elastisch und chemisch sehr beständig sind; sie finden deshalb im Raketen-, Flugzeug- und Fahrzeugbau sowie in der chemischen Industrie eine weite Anwendung.

Als wasser- und zugleich ölabweisende Imprägniermittel für Leder, Textilien, Papier u. a. steigt ihre Bedeutung ständig an.

Fluorhaltige Polysiloxan-Elastomere

Bei der Umsetzung von Trifluorpropylen mit Methylchlorsilan im Molverhältnis 2:1 entstehen Chlorsilane mit einem 5,5,5-Trifluor-2-(trifluormethyl)-butyl-Rest:

$$2\,CF_3CH{=}CH_2 + SiH(CH_3)Cl_2 \rightarrow$$

$$CF_3{-}CH_2{-}CH_2{-}\underset{\displaystyle CF_3}{\underset{|}{CH}}{-}CH_2Si(CH_3)Cl_2$$

Diese fluorhaltigen Chlorsilane hydrolysieren mit Wasser zu einem farblosen, viskosen Öl, einem Polysiloxan:

$$[CF_3CH_2CH_2CH(CF_3)CHSi(CH_3)O]_n$$

Die weitere Verarbeitung erfolgt wie bei einem normalen Siliconkautschuk. Durch Vulkanisation bei 120 °C in Gegenwart von Peroxiden entstehen Fluorsilicon-Gummi.

Sie werden unter den Namen

Silastic LS 53	(Dow Corning Comp.)
Silastic LS 63	(Dow Corning Comp.)

gehandelt.

Diese Produkte sind elastisch zwischen —70 und 250 °C und resistent gegen Treibstoffe, Öle und aromatische Lösungsmittel und Chemikalien. In ihren mechanischen Eigenschaften kommen sie dem Gummi aus Naturkautschuk sehr nahe.

Niedrige Oligomere werden z. B. als Hydraulikflüssigkeiten und als Weichmacher für andere Fluorplasten verwendet.

Mischpolymerisat Tetrafluoräthylen-Trifluornitrosomethan

Tetrafluoräthylen polymerisiert mit Trifluornitrosomethan zu einem Polymer der Struktur

$$[CF_2{-}CF_2{-}\underset{\displaystyle CF_3}{\underset{|}{N}}{-}O]_n$$

Dieses Produkt kann mit Aminen bei 120 °C vulkanisiert werden. Der dabei entstehende Gummi („Nitroso Rubber") ist beständig gegen Lösungsmittel, Säuren und Laugen, aber löslich in Fluorkohlenstoffen. Analog wie PVF kann „Nitroso Rubber" auf Metalloberflächen zu dünnen, resistenten Filmen aufgetragen werden. Wegen seiner Hitzebeständigkeit findet dieser Gummi im Raketen- und Flugzeugbau Verwendung.

Mischpolymerisate Hexafluoraceton-Vinylmonomere

Durch radikalische Polymerisation von Hexafluoraceton mit Vinylmonomeren gelangt man zu Polyäthern, die $-RC(CF_3)_2O$-Einheiten enthalten, z. B.:

$$n\,CH_2{=}CH_2 + n\,CF_3COCF_3$$

$$\rightarrow [CH_2{-}CH_2{-}C(CF_3)_2{-}O]_n$$

Durch die Reaktivität des Carbonylsauerstoffs am Perfluoraceton sind ganz neue Typen von Fluorpolymeren zugänglich geworden. Sie besitzen u. a. eine gute Farbaufnahmefähigkeit, Metallhaftung und Feuerbeständigkeit, sie werden deshalb als extrem temperaturbeständige Lacke für Superschallflugzeuge verwendet.

26.4.10.6. *Weiter Fluorelastomere*

Auf Grund ihrer sehr hohen Temperatur- und Chemikalienbeständigkeit haben Elastomere auf Triazin-Basis Bedeutung erlangt, z. B.:

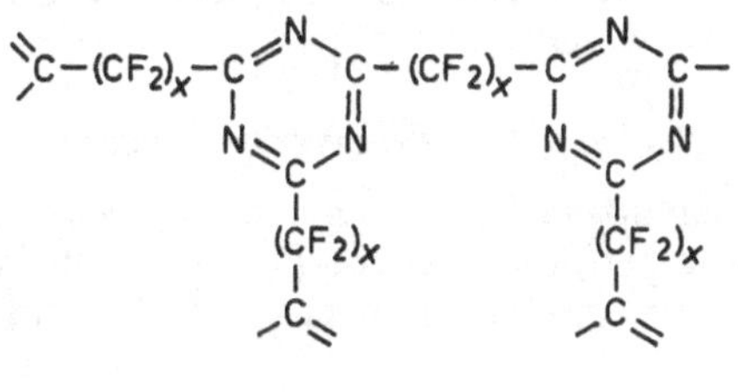

Die Substitution von Cl-Atomen gegen Fluoralkoxygruppen in hochpolymeren Phosphornitrilchloriden führt zu Phosphornitril-Fluorelastomeren, z. B.:

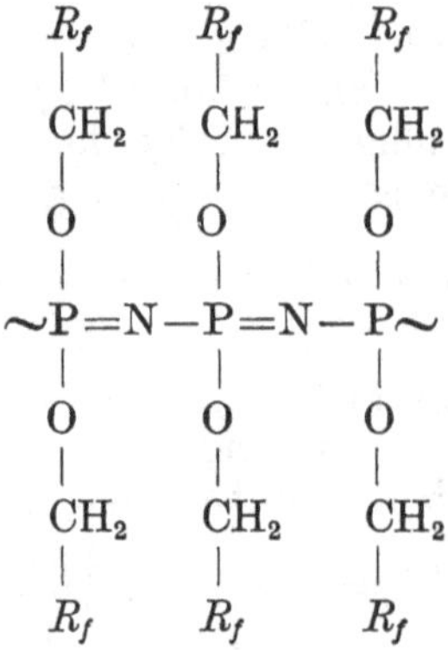

(R_f = Perfluoralkylrest)

Diese gummiartigen Produkte sind absolut hydrolysebeständig, aber thermisch nicht besonders stabil.

Andere, weniger flexible aber thermisch extrem beständige Fluorpolymere leiten sich vom makromolekularen Graphitfluorid, $(CF)_n$, ab. Sie wurden vorrangig in Japan entwickelt. Es sind farblose Produkte, die den Übergang zu den Intercalationsverbindungen des Kohlenstoffs darstellen.

Mit den hier beschriebenen Fluorkunststoffen konnte auch nur ein Ausschnitt der bisher synthetisierten Erzeugnisse gegeben werden. Gerade diese Verbindungsklasse befindet sich in der UdSSR, in den USA, in Japan, und England in einer stürmischen Entwicklung. Da die Anwendung vorrangig auf dem strategischen Sektor liegt, stehen die interessantesten Erzeugnisse sicherlich noch unter Geheimhaltung.

26.4.11. Oberflächenaktive Fluorverbindungen

Grenzflächenaktive Stoffe sind meist spezielle organische Verbindungen, die die Oberflächenspannung herabsetzen und eine größere Benetz- und Emulgierbarkeit

Tabelle 18
Eigenschaften von Fluorpolymeren

Eigenschaften	Maßeinheit	PTFE	P – FEP	PCTFE	PVF_2	PVF-Film
Physikalische Eigenschaften:						
Dichte	g/cm^3	2,1 – 2,2	2,1 – 2,2	2,1 – 2,13	1,76	1,38 – 1,57
Wasseraufnahme	%	0	0	0	0,04	0
Betriebstemperaturbereich:						
maximal		260	200	190	150	105
minimal	°C	–190	–190	–190	– 60	– 70
Spezifische Wärme	kJ/K · kg	1,05	1,09	0,92	1,38	–
linearer Wärmeausdehnungskoeffizient	$°C^{-1}$	$10 \cdot 10^{-5}$	$9{,}5\ 10^{-5}$	$9 \cdot 10^{-5}$	$1{,}5 \cdot 10^{-6}$	–
Witterungsbeständigkeit		ausgezeichnet	ausgezeichnet	ausgezeichnet	ausgezeichnet	ausgezeichnet
Brennbarkeit		nicht brennbar	nicht brennbar	nicht brennbar	selbst verlöschend	selbst verlöschend
Mechanische Eigenschaften:						
Zugfestigkeit	N/mm^2	18 – 26	19 – 21	34 – 39	49	49 – 120
Bruchdehnung	%	200 – 300	250 – 330	105 – 190	300	150 – 250

Tabelle 18
Fortsetzung

Eigenschaften	Maßeinheit	PTFE	P-FEP	PCTFE	PVF_2	PVF-Film
Druckfestigkeit	N/mm^2	7	5	38	70	–
Formbeständigkeit in der Wärme bei 0,5 N/mm^2	°C	120	70	75	150	–
Elektrische Eigenschaften:						
Durchschlagsfestigkeit	kV/mm	20–40	20–40	20	12,8	–
Spez. Widerstand	Ohm/cm	$> 10^{18}$	$> 10^{18}$	$2{,}5-4 \cdot 10^{16}$	$2 \cdot 10^{14}$	–
Dielektrizitätskonstante						
50 Hz		2,1	2,1	2,6	8,4	
10^3 Hz		2,1	2,1	2,5	7,7	
10^6 Hz		2,1	2,1	2,2	6,4	

herbeiführen. Sie bestehen stets aus einem hydrophoben Rest, z. B. einer Kohlenwasserstoffkette oder einem Alkylaryl-Rest und einer hydrophilen Gruppe, z. B. $-COOH$, $-COOM$, $-SO_3H$, $-SO_3M$, $-OSO_3M$, $-NH_2$, $-NR_3^+$ u. a. Die Wirkung oberflächenaktiver Stoffe wird erheblich gesteigert, wenn die Kohlenstoffkette anstelle der Wasserstoffatome Fluoratome enthält.

Diese Fluortenside sind seit etwa 1958 bekannt. Es handelt sich im wesentlichen um perfluorierte aliphatische Carbon- oder Sulfonsäuren (R_fSO_3H), Alkohole und auch Ketone. Da diese Perfluorverbindungen mit funktionellen Gruppen noch durch Salz-, Ester- oder Amidbildung u. a. variiert werden können, ergibt sich eine große Zahl möglicher Verbindungen, von denen bisher aber nur einige synthetisiert und anwendungstechnisch erschlossen wurden.

Die besten, in der Literatur zugänglich gewordenen Darstellungsmethoden für Fluortenside sind:

- Elektrofluorierung nach SIMONS (vgl. Abschn. 26.3.5.)
- Oxydation von Perfluorolefinen mit endständigen Doppelbindungen zu Perfluorcarbonsäuren gemäß:

$$R_f{-}CF{=}CF_2 \xrightarrow[O_2]{100-300\,°C} R_f{-}COF \xrightarrow{\text{Hydrolyse}} R_f{-}COOH$$

(R_f = Perfluoralkylrest)

- Strahlenchemischer Abbau von PTFE unter Bildung von Perfluoralkenen mit end- und innenständigen Doppelbindungen, die entweder bei gleichzeitiger Gegenwart von Sauerstoff über $R_f{-}COF$ oder durch nachträgliche Oxydation mit O_3, H_2O_2 oder $KMnO_4$ zu einem Gemisch homologer, geradkettiger Perfluoralkansäuren überführt werden.
- Telomerisation von Tetrafluoräthylen mit Alkoholen in Gegenwart von Radikalbildnern, z. B. gemäß:

$$n\,CF_2{=}CF_2 + CH_3OH \rightarrow H(CF_2{-}CF_2)_n{-}CH_2OH$$

$$\xrightarrow{\text{Oxydation}} H(CF_2{-}CF_2)_n{-}COOH$$

- Telomerisation von Tetrafluoräthylen mit CF_3J bzw. C_2F_5J zu Perfluoralkyljodiden, z. B. gemäß:

$$n\,CF_2{=}CF_2 + CF_3J \rightarrow CF_3(CF_2{-}CF_2)_nJ; \quad (n = 1 \text{ bis ca. } 10)$$

Die Umwandlung der Perfluoralkyljodide in Perfluoralkylverbindungen mit reaktiven Gruppen wie COOH oder OH kann auf verschiedenen Wegen erfolgen, z. B.:

$$R_f{-}CF_2{-}CF_2J \xrightarrow{\text{Oleum}} R_f{-}CF_2{-}COF$$

$$\xrightarrow{\text{NaOH}} R_f{-}CF_2{-}COONa$$

oder

$$R_fJ + CH{\equiv}CH \rightarrow R_f{-}CH{=}CHJ \xrightarrow{\text{Oxydation}} R_f{-}COOH$$

Diese Fluortenside zeichnen sich durch besondere Eigenschaften aus, die zu einer umfassenden Anwendung in Industrie und Haushalt führten, und die nachfolgend zusammengefaßt dargelegt sind:

Fluortenside besitzen eine extreme Oberflächenaktivität. Während die gewöhnlichen Waschmittel die Oberflächenspannung des Wassers von 72 dyn/cm nur auf die Hälfte zu erniedrigen vermögen, lassen sich mit Fluortensiden (bereits in Konzentrationen $\leq 0{,}1\%$) 15 bis 18 dyn/cm erreichen. Die bisher niedrigste Oberflächenspannung von 6 dyn/cm wird mit Perfluorlaurinsäure erzielt, eine so behandelte Oberfläche kann dann von keiner bisher bekannten Flüssigkeit mehr benetzt werden.

Diese Substanzklasse zeichnet sich durch große Stabilität gegen chemische, thermische (perfluorierte Sulfonsäure bis 350 °C, Perfluorcarbonsäure bis 250 °C) und biologische Einflüsse (vgl. Abschn. 27.) aus.

Geringste Substanzmengen an Fluortensiden führen zu hoher Wirksamkeit.

Diese Tenside wirken zugleich als Korrosionsinhibitoren. Einige Vertreter sind außerdem noch bakterizid und algizid. Sie besitzen ein hohes Adsorptionsvermögen. Die behandelten Materialien sind gleichzeitig wasser- und ölabweisend (hydro- und oleophob). Sie haben ein extrem hohes Schaumvermögen.

Aus diesen Eigenschaften resultieren die Einsatzgebiete von Fluortensiden.

So können derartige Netzmittel überall dort Verwendung finden, wo Stabilität, sehr niedrige Oberflächenspannung und seifenlose Reinigung erreicht werden sollen, z. B. als Zusatz zu heißen Reinigungs- und Beizbädern für Metalle. Dabei werden höhere Ätzgeschwindigkeiten, ein gleichmäßiger Angriff auf die zu ätzende Oberfläche, ein Schutzschaum auf dem Bad und damit eine Senkung von Sprüh- und Verdampfungsverlusten (Arbeitsschutz begünstigt!) und zugleich auch ein geringer Austrag teurer Chemikalien, da nur ein dünner Film am behandelten Material haften bleibt, erreicht.

Auf die Schaumkraft von Fluortensiden wirken Elektrolyte weniger stark als auf analoge grenzflächenaktive Substanzen auf Kohlenwasserstoff-Basis. Deshalb können stabile Schäume sogar aus Portland-Zement-Mörteln hergestellt werden. Auf diese Weise ist es möglich, Baumaterialien mit niedriger Dichte und ausgezeichneter Wärmeisolation („Gasbeton") herzustellen.

Da die Benetzungstendenz von der Art der Oberfläche abhängt, sind diese Tenside hervorragend zur Aufbereitung von mineralischen Rohstoffen geeignet. Sie verändern stark die Oberflächeneigenschaften bestimmter Erzbestandteile und liefern so die Möglichkeit einer günstigen Trennung durch Flotation.

Die Anwendung in der Feuerlöschtechnik bringt eine gute Benetzbarkeit beim Löschen mit Wasser und stabile Schäume mit Schaumhöhen von ca. 6 m, die u. a. bei der Notlandung von Flugzeugen von großer Bedeutung sind. Dieses als „leichtes Wasser" bekannt gewordene System erlaubt in Kombination mit der Trockenschaum-Methode, die Hydrogencarbonat verwendet, ein leichtes Löschen von gefährlichen Stoffen. Während das Hydrogencarbonat die Flamme erstickt, bildet das „leichte Wasser" dünne Wasserfilme auf den Oberflächen, so daß eine weitere

Verdampfung z. B. bei Lösungsmittelbränden unterbleibt. Die Wirkung der Fluortenside als Grenzflächensperre bedeutet auch deshalb erhöhten Brandschutz, weil bereits ein 0,003%iger Zusatz eines Fluortensids die Benzinverdampfung soweit reduziert, daß Benzin unter stationären Bedingungen nicht mehr entflammbar ist.

Dieser Sperrschichteffekt verhindert übrigens auch das Entweichen von Weichmachern aus Plasten.

Organische Lösungsmittel können ebenfalls leicht mit Fluortensiden geschäumt und so zur Herstellung von geschäumten Kunststoffen herangezogen werden, z. B. bei der Herstellung von Polyurethanschaum aus Toluoldiisocyanat mit verschiedenen Polyolen.

Auf Grund der ausgezeichneten thermischen Stabilität der Perfluoroctansulfonate können sie in Raketentreibstoffen Anwendung finden. Die Stabilität von perfluorierten Säuren und ihre starke Herabsetzung der Grenzflächenspannung kann ausgenutzt werden, um die Reaktionsgeschwindigkeiten in heterogenen Systemen zu erhöhen, in welchen z. B. Kohlenwasserstoffe zerstört würden. Auch die Herstellung von Dispersionen und Suspensionen aus Festkörpern kann in Kugelmühlen durch den Einsatz von Fluortensiden sehr erleichtert werden. In einer ganzen Reihe von chemisch-technischen Prozessen werden Fluorchemikalien als hocheffektive Emulgatoren gebraucht.

Bekanntlich sind niederenergetische Oberflächen, wie z. B. solche von PTFE, schwer benetzbar. Hier bringen Fluortenside Abhilfe. Die guten Benetzungseigenschaften und die Fähigkeit, die Oberflächenspannung bei extrem niedrigen Konzentrationen (ca. 0,0006%) herabzusetzen, gestatten es, diese Tenside als Verlaufmittel, z. B. in Selbstglanz-Emulsionen, einzusetzen. Dabei wird ein ausgezeichneter Verlauf erzielt ohne das Auftreten bisher unerwünschter Nebeneffekte, wie z. B. die bekannte Wasserempfindlichkeit des getrockneten Films. Der Grund für die höhere Wasserempfindlichkeit bei Selbstglanz-Emulsionen mit herkömmlichen Netzmitteln liegt in der höheren Konzentration der bisher verwendeten Chemikalien. Auch besonders hochglänzende Lackoberflächen werden mittels Fluortensid-Zusätzen zu den entsprechenden Farblacken erzielt.

Fluortenside können entweder physikalisch oder chemisch an Festkörper adsorbiert werden. Das geschieht entweder durch Eintauchen der zu überziehenden Gegenstände in wäßrige oder nichtwäßrige Lösungen der Tenside oder durch Besprühen der entsprechenden Flächen mit den Tensid-Lösungen und nachfolgender thermischer Behandlung, wobei sich ein sehr resistenter Film ausbildet.

Wird z. B. Aluminium mit einem molekularen Film von Perfluorsulfonamidphosphat überzogen, vermindert sich die Adsorption von Eis um 80%. Dieser Effekt wird zum Vereisungsschutz von Schiffen und Flugzeugen angewendet. Auch ermöglichen derartige Überzüge auf Schiffsrümpfen, z. B. U-Booten, durch die drastische Erniedrigung der Wasseradhäsion und damit der Reibung bei einem gegebenen Energieaufwand eine weit höhere Fortbewegungsgeschwindigkeit des Schiffes.

Die kombinierten Eigenschaften der Adsorption und ihre Stabilität machen es möglich, Fluortenside im weitesten Sinne als Korrosionsinhibitoren einzusetzen. Einige dieser Substanzen dienen als Inhibitoren und als Schutzüberzüge. So macht der Perfluorsulfonamid-Film auf Aluminium das Metall auch chemisch, z. B. gegenüber verdünnter Salzsäure oder Natronlauge, resistent. Kupfer, Messing, Stahl usw. können in der gleichen Weise geschützt werden, (Für viele Zwecke erscheinen derartige Oberflächenfilme von niedermolekularen Perfluorsäuren und deren Derivaten vorteilhafter als Plattierungen mit hochmolekularen Fluorkohlenstoffen, wie z. B. PTFE, PVF_2, PVF u. a., da diese meist einer thermischen Nachbehandlung bei relativ hohen Temperaturen bedürfen.)

Eine weitere große Gruppe der oberflächenaktiven Fluorverbindungen sind diejenigen, die speziell als öl- und wasserabstoßende Substanzen eingesetzt werden. Dieser Effekt, zugleich wasser- und ölabstoßend zu sein, ist nur bei den Fluortensiden zu finden. Die einzigartige Kombination von Hydrophobie und Oleophobie war bis zur Entdeckung dieser Substanzklasse unbekannt und sie ließ die Fluortenside als Imprägniermittel für Leder, Textilien und Papier sowie auf weiteren Gebieten des Oberflächen-Korrosionsschutzes bedeutungsvoll werden. Da auch die besten hydrophoben Imprägnierungen keinen Schutz gegen öl- und fetthaltige Anfleckungen bieten, hat die ölabweisende Ausrüstung ein großes praktisches Interesse.

Dazu reichen die bisher angeführten Verbindungen normalerweise nicht aus. Es ist für diese Stoffgruppe vielmehr erforderlich, daß die inerten Fluorverbindungen mit reaktionsfähigen Gruppen versehen werden, die zunächst als Lösungsvermittler und später als Bindeglied fungieren können, um eine ausreichende Haftung auf der Oberfläche zu gewährleisten. Als solche Gruppen kommen z. B. Perfluorcarbonsäuren, Amidosulfonsäuren, Alkohole usw. in Frage. Man kann z. B. Perfluorcarbonsäuren mit Chromsalzen oder Dihydroperfluoralkanole, R_f—CH_2OH, mit Acrylsäuren umsetzen, um, ausgehend von löslichen Komponenten zu wasserunlöslichen Komplexen (*I*) oder Polyacrylsäureestern (*II*) zu gelangen, die zugleich eine bessere Verbindung mit den jeweiligen Untergründen geben.

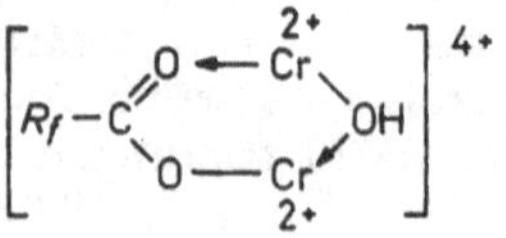

I

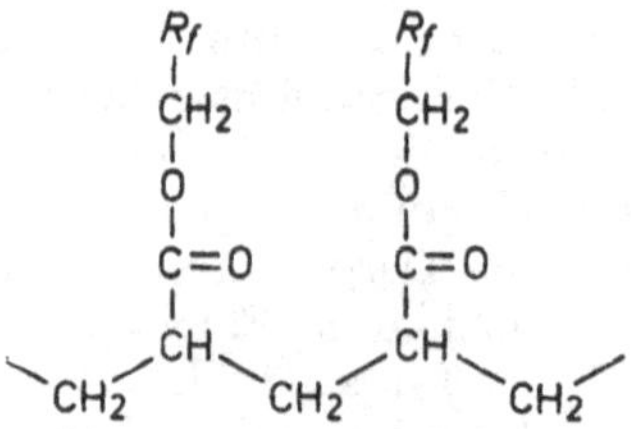

II

Diese und eine große Zahl weiterer Substanzen wurden entwickelt, um damit Leder, Papier und Stoff gegen Öl und Wasser abweisend zu machen. Dabei ist der wesentliche Vorteil der, daß diese Materialien auf die Fasern aufziehen und so die Durchlässigkeit von Stoffen, Papieren und auch Leder erhalten bleibt.

Die ersten Imprägniermittel, die in den Handel kamen, waren die Chromkomplexe des Typ *I*. Außer, daß sie grüngefärbt sind, ist ihre Wasch- und Reinigungsbeständigkeit nicht genügend groß. Deshalb werden bevorzugt polymerisierbare Verbindungen mit perfluorierten Acryl-(Typ *II*) oder auch Sulfonyl-Resten (Typ *III*), wie z. B.:

$$R_f{-}\underset{\displaystyle R_1}{\underset{|}{SO_2N}}{-}R{-}CH_2{-}O{-}\underset{\displaystyle R_2}{\underset{|}{COC}}{=}CH_2 \qquad (III)$$

gekoppelt. Durch Aushärten oder Koagulieren dieser Vorpolymerisate gelingt es, Dauereffekte zu erreichen.

Die Chromkomplexe des Typ *I* werden in der Papier- und Lederindustrie, wo die grüne Eigenfarbe nicht stört, verwendet. Die Produkte der Typen *II* und *III* werden unter dem Namen „Scotchgard“ (Minnesota Mining Manuf.) gehandelt. Man kann damit allen Textilien auf der Basis von Natur- und Synthesefasern einen Fleckenschutz gegen ölige oder fettige oder wäßrige Verschmutzungen verleihen.

Auch auf der Basis perfluorierter Ketone, speziell Hexafluoraceton, sind Verbindungen für eine Oleophobierung entwickelt worden. So läßt sich das bei der Reaktion von KF mit $(CF_3)_2CO$ intermediär entstehende Kaliumsalz des Perfluorisopropylalkohols $\left(\begin{matrix}CF_3\\CF_3\end{matrix}\!>\!C\!<\!\begin{matrix}F\\OK\end{matrix}\right)$ mit einer Reihe von Verbindungen zu polymerisierbaren Monomeren umsetzen, wie u. a.

$$(CF_3)_2CF{-}O{-}(CH_2)_3{-}CH{=}CH_2$$

Aber auch bei dem Chlorsilan-Umsetzungsprodukt

$$(CF_3)_2CF-O-CH_2-CH_2-SiCl_3$$

wird die Ölabweisung durch die Reaktion mit dem Substrat nicht besser als bei den anderen Produkten mit dem Perfluorisopropyl-Rest.

Oberflächeneffektiver sind dagegen Verbindungen, die aus Perfluor-4-äthyl-3,4-dimethylhex-cis-2-en

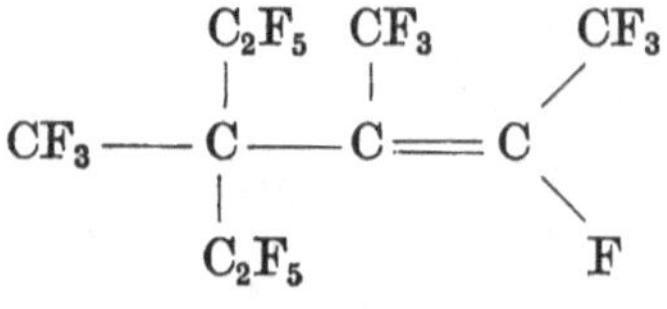

gewonnen werden. Das Fluoratom am Kohlenstoffatom mit der Doppelbindung wird durch hydrophile Gruppen ersetzt. Die Ausgangsverbindung läßt sich durch Polymerisation von Tetrafluoräthylen in Gegenwart von Fluoridionen darstellen.

Die oleophoben Eigenschaften der organischen Fluorverbindungen sind dabei an zwei Bedingungen geknüpft. Sie müssen unverzweigte perfluorierte C-Ketten mit mindestens vier C-Atomen besitzen. Bessere Wirkung zeigen perfluorierte Ketten mit 7 bis 9 C-Atomen. Bekanntlich wird eine hydrophobe Imprägnierung mit langkettigen Fettsäuren erreicht, die sich senkrecht zur Faser stellen und eine „Molekülbürste" bilden, bei der die hydrophoben Alkylketten gleich Borsten nach außen ragen. Es hat sich nun gezeigt, daß die Molekülbürsten mit C—F-Gliedern gegenüber Öl sich ähnlich verhalten wie die Alkylketten gegenüber Wasser; die Anhaftbarkeit gegenüber Öl ist genügend klein, um ein Netzen und Spreiten zu verhindern. So kann also ein Öltropfen auf einem fluorkohlenstoff-ausgerüsteten Wollfaden wie ein „Fakir auf dem Nagelbrett" liegen.

26.4.12. Farbstoffe

Als nach 1930 die chemische Industrie begann, sich näher mit organischen Fluorverbindungen zu beschäftigen, erhielt auch die Farbstoffchemie neue Impulse. Obwohl zuvor noch kein einziger fluorhaltiger Farbstoff bekannt war, konnte generell bei Verbindungen mit einer genügenden Anzahl an Fluoratomen im Molekül eine große Lichtbeständigkeit festgestellt werden.

26.4.12.1. Farbstoffe mit aromatisch gebundenem Fluor

Aromatische Fluorverbindungen werden heute in vielen Patenten als Farbstoffe genannt. Eine Fluorsubstitution erhöht in vielen Fällen die Licht- und Waschechtheit nicht unerheblich. Als weitere Vorteile sind vor allem die häufig sehr lebhaften Farbtöne zu nennen.

Bei den großen Variationsmöglichkeiten zur Synthese von Azofarbstoffen ist es nicht erstaunlich, daß auch verschiedene Verbindungen mit aromatisch gebundenem Fluor als Azofarbstoffe im Schrifttum erwähnt sind. Als praktisch wichtiger haben sich aber Azofarbstoffe mit araliphatisch gebundenem Fluor erwiesen.

In der Reihe der Anthrachinonfarbstoffe sind nach 1950 einige kernsubstituierte Baumwoll- und Cellulosefarbstoffe synthetisiert worden.

In der Reihe der Triphenylmethanfarbstoffe wurden bereits 1933 kernfluorierte Malachitgrüne in der Patentliteratur genannt. Ende der 50er Jahre konnte bestätigt werden, daß in Triphenylmethanfarbstoffen die Fluorsubstitution eine Erhöhung der Lichtechtheit und eine Verschiebung des Farbtons von grün nach blaugrün bewirkt. Verschiedene Difluorderivate des Indigos wurden zum Studium der Absorptionsspektren und der Zusammenhänge zwischen Struktur und färberischen Eigenschaften synthetisiert, sie haben jedoch keinerlei technische Bedeutung erlangt.

In der Reihe der Phthalocyaninfarbstoffe haben einige Fluorverbindungen gute färberische Eigenschaften, insbesondere für licht- und chlorechte Färbungen auf Baumwolle, mercerisierter Baumwolle, Zellwolle u. a. gezeigt.

26.4.12.2. Farbstoffe mit araliphatisch gebundenem Fluor

Außer der Erforschung der kernfluorierten Farbstoffe wurden auch trifluormethylsubstituierte Verbindungen auf ihre färberischen Eigenschaften untersucht. Dabei zeigte sich, daß die CF_3-Gruppe besonders klare Farbtönungen und lichtechte Ausfärbungen liefert. Schon vor dem zweiten Weltkrieg wurden daher eine Reihe von Farbstoffen dieser Art auf den Markt gebracht, von denen vor allem die Naphthol-AS-Farbstoffe der früheren IG Farbenindustrie (Hoechst), mit dem Indanthren-Etikett als Hinweis auf besondere Licht- und Waschechtheit, zu nennen sind.

Die CF_3-Gruppe übt bei Azofarbstoffen einen deutlichen hypsochromen Einfluß aus. Deshalb wurde versucht, durch Einführung bathochromer Gruppen in die CF_3-substituierten Verbindungen den Farbton der fluorhaltigen Farbstoffe dem der unfluorierten Verbindungen anzupassen. Dabei ergeben sich sehr licht- und waschechte Ausfärbungen, die durch klare Farbtöne ausgezeichnet sind.

Die hypsochrome Wirkung der Substituenten in der Kupplungskomponente nimmt in folgender Reihe zu:

$$CH_3 < H < Cl < F < CF_3$$

Das gleiche gilt für die Entwicklungsfarbstoffe der Naphthol-AS-Reihe, doch erhöht die Einführung der CF_3-Gruppe zwar meist die Lichtechtheit stark, nicht jedoch im gleichen Maße die Waschechtheit.

Auf Grund dieser Erkenntnisse wurden Basen entwickelt, die als Kupplungskomponente für Naphthol-AS-Farbstoffe technische Bedeutung erlangt haben. Es handelt sich um

4-Chlor-3-amino-benzotrifluorid = Echtorange RD-Base
5-Chlor-2-amino-benzotrifluorid = Echtscharlach VD-Base

3-Amino-1,5-bis-trifluormethyl-benzol = Echtorange GGD-Base
3-Amino-4-äthylsulfon-benzotrifluorid = Echtgoldorange GR-Base

Als Zwischenprodukte sind bereits seit etwa 1930 CF_3-substituierte Anthrachinonfarbstoffe dargestellt worden. Die wichtigsten industriell hergestellten CF_3-substituierten Indanthrene sind das Indanthrenblau-CLB und das Indanthrendruckblau-FG. Ersteres liefert als Küpenfarbstoff auf Baumwolle, Zellwolle, Kunstseide u. a. schöne, sehr echte Blautöne und ist durch ein großes Egalisierungsvermögen ausgezeichnet. Das Druckblau-FG hat im Textildruck eine größere Bedeutung erlangt und ist der wichtigste CF_3-substituierte Farbstoff der 4-Aminoacridonreihe.

Ebenso wie bei den kernfluorierten Derivaten haben auch die CF_3-substituierten Triphenylmethanfarbstoffe keinerlei technische Bedeutung erlangt. Die CF_3-Gruppe bewirkt sowohl in der Malachitgrün- als auch in der Fuchsinreihe eine Farbverschiebung nach blaustichigen Tönen hin; besonders ausgeprägt ist dies bei ortho- oder meta-ständigen CF_3-Gruppen.

Neben den bereits angeführten Difluorderivaten des Indigos und Thioindigos werden in Patenten auch die Darstellungsverfahren für die CF_3-substituierten Analoga genannt. Auch andere Farbstoffklassen mit CF_3-substituierten Verbindungen wurden synthetisiert und auf ihre färberischen Eigenschaften untersucht. So z. B. Cyanin-, Phthalocyanin-, Styryl-, Phthaloylcarbazol- und 3-Azabenzanthron-Farbstoffe.

26.4.12.3. Reaktivfarbstoffe

Seit einigen Jahren sind Fluorverbindungen bekannt, die als Bestandteile von Farbstoffmolekülen an der Fixierung des Farbstoffes an der Faser entscheidende Bedeutung haben. Es handelt sich um Reaktivfarbstoffe mit Tetrafluorcyclobutyl-Resten. Reaktivfarbstoffe sind farbige Verbindungen, die im Laufe des Färbeprozesses kovalente Bindungen mit dem Material (Textilfasern, Kunststoffe) eingehen. Derartige Reaktivfarbstoffe sind nach folgendem Prinzip aufgebaut:

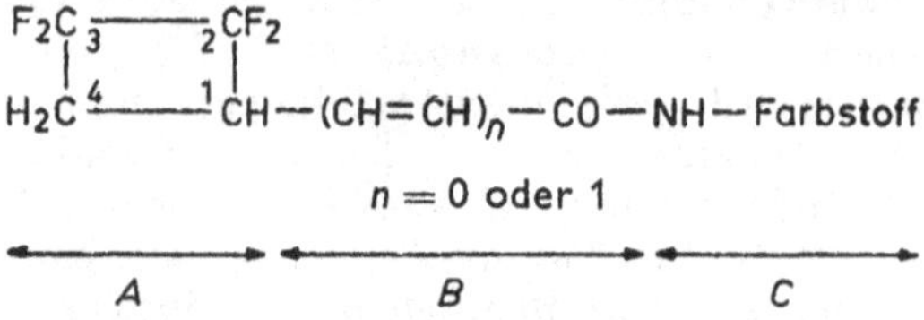

Die wesentlichen Bausteine sind:

A: Cyclobutylring mit austauschbaren Fluoratomen am Kohlenstoffatom 2
B: Brückenglied zum Farbstoff
C: Farbstoffrest

Für die Reaktionsfähigkeit dieser Farbstoffe sind die 2-ständigen Fluoratome von *A* verantwortlich. Sie können mit nucleophilen Reaktionspartnern in Wechselwirkung treten, wobei es zunächst zur HF-Abspaltung, danach zur Anlagerung von Cellulose an den gebildeten Cyclobuten-Ring unter Addition des Celluloseanions an C_1 und des Protons an C_2 kommt. Im alkalischen Milieu spaltet sich schließlich nochmals HF ab, wobei die endgültige Fixierung erfolgt:

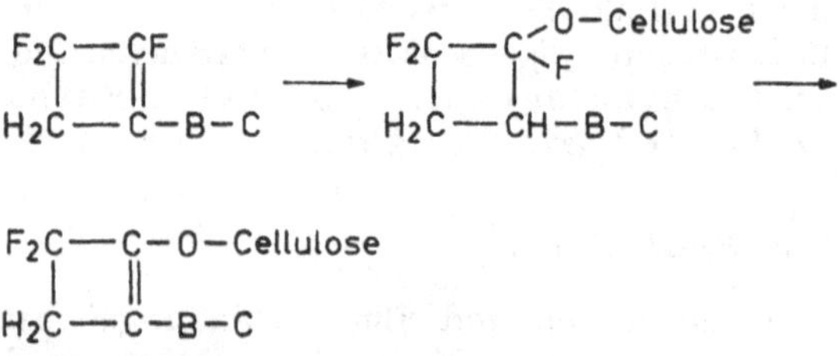

Durch die Wahl der Farbstoffkomponenten können nach diesem Prinzip beliebige Färbungen erhalten werden, deren Echtheitseigenschaften hervorragend sind.

Diese Farbstoffklasse hat technische Bedeutung erlangt.

26.4.13. Fluorpharmaka

Seit Ende der 50er Jahre ist eine große Anzahl von fluorhaltigen Pharmaka bekannt geworden, die sich durch ihre um ein Vielfaches gesteigerte Wirksamkeit gegenüber herkömmlichen auszeichnen (vgl. Tab. 19).

Diese Verbindungen enthalten in ihrem Molekülaufbau im allgemeinen CF_3-Gruppen oder durch Fluor substituierte aromatische Systeme. Ihre Darstellung muß meist durch sehr aufwendige Totalsynthesen aus den fluorierten Grundkörper erfolgen, in den seltenen Fällen ist eine einfache Halogen-Fluor-Austauschreaktion oder eine direkte Fluorierung möglich. (Daraus resultieren die relativ hohen Preise!)

Eine umfassende Theorie über den Zusammenhang zwischen Struktur und Wirkung der Fluorpharmaka gibt es noch nicht. Wegen dieser noch unvollkommenen Kenntnis der Wirkungsweisen konnten Syntheseregeln auch nur in Ausnahmefällen entwickelt werden, so daß man häufig auf die empirische Abwandlung als wirksam erkannter Grundkörper angewiesen ist. Dabei hat sich gezeigt, daß die Einführung von Fluor in wirksame Verbindungen die Wirkung entweder erheblich verstärkt oder auch vermindert oder aber, daß die fluorhaltigen Abkömmlinge als Antagonisten wirken. Häufig ist die gesteigerte Wirksamkeit mit einer Steigerung der Toxizität verbunden. Man findet dementsprechend neben einer gewünschten Wirkung normalerweise außerordentlich starke Nebenreaktionen, die den durchgängigen Einsatz der Präparate erschweren, einschränken oder gänzlich unmöglich machen.

Von der relativ breiten Palette der Fluorpharmaka haben technische Bedeutung die Steroide, Neuroleptica, Tranquillizer, Cancerostatica und Anästhetica erlangt.

26.4.14. Pflanzenschutz- und Schädlingsbekämpfungsmittel

Als Holzschutzmittel werden Alkali- bzw. Erdalkalifluoride, -fluorosilicate und -fluoroaluminate schon seit längerer Zeit verwendet. Im Jahre 1936 wurden erstmals

Tabelle 19
Beispiele für Fluorpharmaka

Stoffklasse	Verbindung	Wirkung/Anwendung
Chemotherapeutika	fluorierte Thiosemicarbazone	Antituberkulosemittel
	fluorierte Thiocarbanilide	Antituberkulosemittel
	2-Fluornicotinamid	Antituberkulosemittel
	Nicotinoylhydrazone fluorsubstituierter Benzophenone	Antilepramittel
	4-Nitro-3-trifluormethyl-phenol	Lampretenbekämpfung
	fluorhaltige Pyrimidine	Bakteriostatica
	Trifluormethyl-chloramphenicole	Bakteriostatica
	Fluorbenzoe- und -mandelsäuren	Bakteriostatica
	fluorhaltige Phenylthiosemicarbazone	Bakteriostatica
	Fluorpenicilline	Bakteriostatica
	5-Fluor-2'-desoxyuridin	Bakteriostaticum
	p-Fluor-phenylalanin	Bakteriostaticum
	9-Fluor-6-desoxytetracyclin	Bakteriostaticum
	p-Fluor-phenylalanin	Virostaticum
	fluorhaltige Chinoline	Antimalariamittel
	5-Fluoruracil und Nucleoside	Antikrebsmittel (Cancerostatica)
	5-Fluorcytosin und Nucleoside	Antikrebsmittel
	5-Fluororotsäure	Antikrebsmittel
Pharmakotherapeutica	2-Amino-5-fluorbenzolsulfonamid	Sedativum; zur Dämpfung von Erregungszuständen
	CF_3-substituierte Benzodiazepine	Sedativa
	fluorsubstituierte Benzolsulfonamide	Hypnotica; schwach narkotische Wirkung

	Trifluorchlorbromäthan („Halan“)	Narkoticum; stark narkotische Wirkung
	fluorierte Äther	Narkotica
	F- bzw. CF_3-substituierte Piperidinderivate	Ataraktica und Tranquillizer zur
	F- bzw. CF_3-substituierte Phenothiazine	Dämpfung von Angst-Spannungs- oder Erregungszuständen
	CF_3-substituierte Phenothiazine	Neuroleptica (Psycholeptica) zur
	F-substituierte Butyrophenone	Beeinflussung tiefgreifender
	2-F(CF_3)-Phenoxazin	psychotischer Störungen
	2- oder 3-Fluorprocain	Lokalanästheticum
	fluorhaltige Anilide	Lokalanästhetica
	N-Isopropyl-2-pentafluorphenyläthylamin	Herzmittel, gegen Angina pectoris
	F- bzw. CF_3-substituierte Sulfonamide	Diuretica; harntreibende, entquellende Mittel
	Fluortyrosin	Thyreostaticum; gegen Schilddrüsenerkrankungen
	Diisopropylfluorophosphat	gegen grünen Star u. Muskelschwäche
	Trifluormethylphenylalkylamine	Anabolica; zur Behandlung der Magersucht
	fluorsubstituierte 1-Phenylpropyl-(2)-amine	Appetitzügler
	1-(3-Trifluormethylphenyl)-2-äthylamino-propanhydrochlorid	Appetitzügler
Fluor-enthaltende Steroide	9α-Fluorcortisol	Entzündungshemmend, mineral-
	9α-Fluorprednisolon	corticoid, glucocorticoid, gegen
	9α-Fluor-16α-hydroxyprednisolon	Asthma, sexualhormonal, gegen
	21-Desoxy-6α-methyl-9α-fluorprednisolon	Krebs, gegen Herz- und Blut-
	6α·9α-Difluor-16α-methylprednisolon-21-acetat	erkrankungen, anabole Aktivität

organische Fluorverbindungen als Insektizide vorgeschlagen. Der Durchbruch der organischen fluorhaltigen Pflanzenschutz- und Schädlingsbekämpfungsmittel begann mit dem sog. Fluor DDT (DFDT), das unter dem Namen „Gix“ (Farbwerke Hoechst) auf den Markt kam.

In den letzten Jahren ist noch eine große Anzahl von organischen fluorhaltigen Insektiziden, Akariziden, Nematiziden, Rotentiziden, Fungiziden, Saatgutbeizen und Herbiziden bekannt geworden.

Beispiele dafür sind in Tab. 20 angeführt.

Alle diese Substanzen enthalten CF_3-Gruppen, fluorsubstituierte aromatische Systeme oder Element-Fluor-Bindungen.

Ihre Darstellung erfolgt meist über sehr aufwendige Totalsynthesen mit entsprechenden fluorhaltigen Ausgangskomponenten, oder mittels der bekannten Methoden zur Einführung von CF_3-Gruppen, oder durch Fluoraustauschreaktionen, in den selteneren Fällen auch durch direkte Fluorierung.

Diese Substanzen sind hochwirksame Hemmstoffe bei enzymatischen Reaktionen bzw. gehen sie selbst mit Enzymen im lebenden Organismus chemische Reaktionen ein.

So ist beispielsweise das DFDT dem DDT in der Wirksamkeit wesentlich überlegen und wird von Insekten auch nicht so leicht entgiftet. Durch das Auftreten von Resistenz, wegen des relativ hohen Preises und aus umweltschutz-strategischen Überlegungen wurde es aber dann doch von anderen Präparaten abgelöst.

Trotz ihrer außerordentlich hohen Aktivität haben die organischen Pflanzenschutz- und Schädlingsbekämpfungsmittel nur eine geringe wirtschaftliche Bedeutung erlangt. Dies wird zum Teil in den immer noch zu hohen Preisen für diese Produkte begründet sein, doch zwingen auch neueste ökologische Erkenntnisse zu einer zurückhaltenden Anwendung.

Tabelle 20
Fluorhaltige Pflanzenschutz- und Schädlingsbekämpfungsmittel

Stoffklasse	Name/Verbindung	Wirkung/Anwendung
Insektizide	Fluor-DDT, 1,1,1-Trichlor-2,2-bis-(4-fluorphenyl)-äthan	gegen viele Insektenarten, insbes. Fliegen
	Megatox, CH_2F-$CONH_2$	systemisches Insektizid
	Nissol, N-Methyl-N(1-naphthyl)-monofluoracetamid	gegen rote Spinne, Blatt- und Schildläuse
	Lovozal, 1-Carbphenoxy-2-trifluormethyl-5,6-dichlorbenzimidazol	gegen rote Spinne
	fluorsubstituierte Diarylcarbinole	DDT-Synergisten
	Fluorpentachlorcyclohexan	gegen viele Fliegenarten
	Hexachlor-trifluormethyl-cyclohexan	gegen viele Fliegenarten
	fluorhaltige Amidothio- und Dithiophosphorsäurederivate	Fraß-, Kontakt- und Atemgifte
	F- bzw. CF_3-substituierte Diphenylharnstoffderivate	gegen viele Mottenarten, Pelz- und Teppichkäfer
Akarizide	Mipafox, Bis-(isopropylamino)-phosphorylfluorid Fluorsulfonate	gegen Milben und Spinnmilben
	Sulfenon, (4-Chlorphenyl)-phenylsulfon	gegen Tetranychidaen
Nematizide	3.4-Difluorthiophen-1,1-dioxid	gegen Nematoden (Älchen)
Rotentizide	N.N'-Bis-(3-trifluormethylphenyl)-thioharnstoff (4-Fluorphenyl)-acetamid fluorsubstituierte Cumarinderivate	gegen schädliche Nagetiere, insbes. Ratten (als Fraß-, Kontakt- und Atemgifte)
Fungizide	Euparen, N,N-Dimethyl-N'-phenyl-(N'-fluordichlormethylthio)-sulfamid	gegen pilzparasitäre Erkrankungen, insbes. bei Erdbeeren, Reben und Rosen
	Fluornitrobenzole	gegen verschiedene Pilzarten, wie Schneeschimmel
	Fluorphenole	Fungizide mit insektiziden Eigenschaften
	F-substituierte Arylpyridylketimine F- bzw. CF_3-substituierte Purinderivate	Fungizide mit breitem Wirkungsspektrum
	Fluorrhodamine	gegen Mehltau
	F-substituierte N-Aminophthalimide	zur Saatgutbeizung

Tabelle 20 (Fortsetzung)

Stoffklasse	Name/Verbindung	Wirkung/Anwendung
Herbizide	Cotoran, N-(3-Trifluormethyl)-phenyl-N-.N'-dimethylharnstoff	gegen Unkräuter in Baumwollkulturen
	Treflan, 3,5-Dinitro-4-dipropylamino-1-benzotrifluorid	selektives Vor- und Nachlaufherbizid für Rasen und Gemüsekulturen
	Chlorflurazol, 4,5-Dichlor-2-trifluormethylbenzimidazol	gegen Unkräuter in Getreidearten
	CF_3-substituierte Harnstoffderivate	gegen schwer bekämpfbare Unkräuter, insbes. Wasser- und Teichunkräuter
	2-Fluor-4,6-bis-(äthylamino)-1,3,5-triazin	zur totalen Vernichtung verschiedener Unkrautarten und zur Entblätterung von Kulturpflanzen

26.4.15. *Blutersatzmittel*

Im Jahre 1966 zeigten F. Gollan und C. L. Clark, daß flüssige, mit O_2 gesättigte Perfluor-Verbindungen anstelle von Blut zur Sauerstoffversorgung von isolierten Rinderherzen verwendet werden können. Sie fanden auch, daß Mäuse in einer solchen Lösung leben, d. h. atmen können.

H. A. Sloviter und Mitarbeiter ersetzten 1967 die reinen Perfluor-Verbindungen durch deren Emulsion in einem Plasma und lösten so das Problem des Transports von Mineralsalzen und Stoffwechselproduktion. 1968 wurde daraufhin von R. P. Geyer über den ersten vollständigen Austausch des Blutes von Ratten durch eine derartige Emulsion berichtet. Als Perfluor-Verbindungen wurden Perfluor-2-Butyltetrahydrofuran,

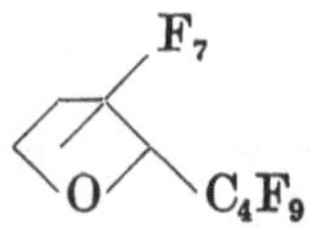

oder Perfluor-Tri-n-butylamin, $N(n{-}C_4F_9)_3$, verwendet, die mittels oberflächenaktiver Substanzen, wie Serumalbumine, Phospholipide oder Polyäthylenoxid-Polypropylenoxid-Blockpolymer („Pluronic F-68") in einer wäßrigen Pufferlösung emulgiert waren. Bereits 1969 konnte man mittels emulgierter Perfluor-Verbindungen Gewebe, Organe und ganze Tiere wie Frösche, Hühner, Ratten, Katzen und Hunde kurzzeitig mit Sauerstoff versorgen. Allerdings überlebten die Tiere in der Regel nur wenige Stunden.

Ab 1970 wurde über Versuche berichtet, bei denen die Tiere einen weitgehenden, aber nicht vollständigen Austausch ihres Blutes gegen solche Emulsionen überlebten und sich anschließend völlig normal weiterentwickelten.

1973 gelang es R. P. GEYER, das Blut von Ratten schrittweise bis zu 100% auszutauschen. Die Tiere überlebten und entwickelten sich normal weiter. Er machte dabei die wichtige Entdeckung, daß andere Perfluor-Verbindungen, wie z. B. Perfluor-Dekalin,

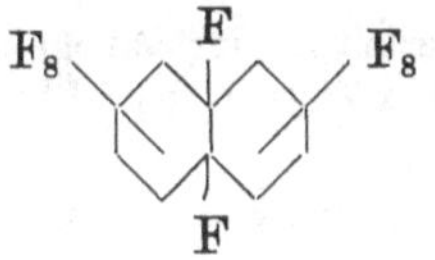

aus dem Körper viel schneller ausgeschieden wurden.

Rhesus-Affen, deren Blut etwa zur Hälfte gegen eine 10%ige Perfluor-Dekalin-Emulsion ausgetauscht worden war, benahmen sich im wachen Zustand völlig normal. Sie überlebten den Austausch ohne gesundheitliche Folgen.

1977 berichtete R. P. GEYER, daß seine „blutlosen" Ratten einen mehrstündigen Aufenthalt in einer bis zu 50% Kohlenmonoxid enthaltenden Atmosphäre überstanden. Unter diesen Bedingungen wurden nicht nur alle etwa noch vorhandenen Erythrocyten, sondern auch die neuen Erythrocyten, die fortlaufend gebildet werden, durch CO blockiert. Das beweist, daß die emulgierte Perfluor-Verbindung den Sauerstoffbedarf über eine Versuchszeit von 20 Stunden sichergestellt hatte. Das weitere Überleben der Tiere zeigt auch, daß die Gewebe und Organe während dieser Zeit genügend Sauerstoff erhalten hatten und eine Vergiftung durch Kohlenmonoxid nicht auftrat.

Nach I. G. Riess und M. Le Blanc muß ein synthetisches Blutersatzmittel folgende Bedingungen erfüllen:

- Es muß das Blutvolumen aufrecht erhalten. Sein osmotischer und onkotischer Druck, seine Fließeigenschaften und pH-Konstanz müssen denen von normalem Blut sehr ähnlich sein.
- Es muß den Transport und Austausch von O_2 und CO_2 gewährleisten und dabei keine toxischen Verunreinigungen entwickeln.
- Es darf keinen Bestandteil des natürlichen Blutes störend beeinflussen, keine irreversiblen Schäden an Geweben und Organen hervorrufen und deren normale Funktion nicht beeinträchtigen.
- Es muß die Neubildung von Erythrocyten, Proteinen und anderen Blutbestandteilen mit vernünftiger Geschwindigkeit ermöglichen.
- Es darf das Weiterleben, das Wachstum und die Entwicklung nach einem vollständigen Blutaustausch nicht behindern.
- Schließlich muß es wieder aus dem Körper ausgeschieden werden.

Ein Blutersatzmittel, welches diese Bedingungen erfüllt, ist mehr als ein Plasma, weil es Sauerstoff transportiert, d. h. die Erythrocyten in dieser Funktion ersetzt. Die oben genannten Bedingungen geben natürlich nur einen Teil der komplexen Aufgaben des natürlichen Blutes wieder, wie Transport, Regulation, Gerinnung und Abwehr. In dieser Hinsicht ist der Ausdruck „künstliches Blut" für ein Medium, welches nur einen Teil dieser Bedingungen erfüllt, zweifellos eine Übertreibung.

Perfluor-Verbindungen werden als Gasträger gewählt, weil sie große Gasmengen lösen, chemisch inert und in der Regel nicht toxisch sind. Das Sauerstoffvolumen, welches in den Emulsionen der Perfluor-Verbindungen („Fluosole") gelöst wird, hängt in erster Näherung linear vom Partialdruck ab. Die eingeatmete Luft muß also einen hohen O_2-Gehalt besitzen, wenn Blutersatzmittel auf der Basis von Perfluor-Verbindungen benutzt werden.

Einige Vertreter von Perfluor-Verbindungen, die in Form von Emulsionen bisher als Blutersatzmittel getestet wurden, sind in Tab. 21 aufgeführt.

Tabelle 21
Als Blutersatz getestete Perfluor-Verbindungen
(nach J. G. Riss und M. Le Blanc)

Perfluor-Alkane, -Cycloalkane und -Alkene:

n-C_8F_{18}	n-$C_{10}F_{22}$
n-$C_8F_{17}C_2H_5$	n-$C_{10}F_{21}H$
n-$C_8F_{17}CH{=}CH_2$	n-$C_{10}F_{21}C_2H_5$
n-$C_8F_{17}CH{=}CH$-n-C_4F_9	
n-$C_4F_9CH{=}CH$-n-C_4F_9	
n-$C_6F_{13}CH{=}CH$-n-C_6F_{13}	
Perfluor-Methyladamantan	
Perfluor-Dimethyladamantan	
Perfluor-Methyldekalin	
Perfluor-Dekalin	

Perfluor-Äther und verwandte Verbindungen:

$(CF_3)_2CFOC_6F_{13}$
$(CF_3)_2CFO(CF_2)_4OCF(CF_3)_2$

$$CF_3CHF-\left[-OCF_2-\underset{\displaystyle CF_3}{\underset{|}{CF}}-\right]_n-F, \quad n = 1 \text{ bis } 9$$

Perfluor-Isopentyltetrahydrofuran
Perfluor-Butyltetrahydrofuran

Perfluor-Amine:

Perfluor-N-Methyldibutylamin
Perfluor-Tributylamin
Perfluor-N,N-Diäthylcyclohexylamin

Als Blutersatzmittel, die den Gastransport, das Blutvolumen sowie den onkotischen und osmotischen Druck aufrechterhalten können, ergänzen die „Fluosole" die Anwendung von natürlichem Blut bei Blutverlusten, bei chirurgischen Eingriffen und bei Organperfusionen. Da keine Kreuzprobe erforderlich ist, können diese Blutersatzmittel in Notsituationen sofort verwendet werden. Bei chirurgischen Eingriffen können beträchtliche Mengen an natürlichem Blut gespart werden. Da sich die neuen Blutersatzmittel besonders zur Organkonservierung eignen, werden sie den Betrieb von Organbanken ermöglichen.

Von der Sauerstofftransport-Funktion her könnten sich die Blutersatzmittel zur Behandlung einer Reihe von Krankheiten eignen, die auf einen Anstieg des Sauerstoffdruckes reagieren. In Fällen von Blutgefäßverschlüssen könnten die Perfluor-Verbindungen auf Grund ihrer geringen Partikelgröße möglicherweise einen Weg am Blutgerinnsel vorbei finden und so Sauerstoff zu den sauerstoffarmen Stellen bringen. Auch die vollständige Ausspülung des Körpers zwecks Entfernung von Viren, Toxinen oder Überdosen an Arzneimitteln könnte breite Anwendung finden. Durch die Blutersatzmittel wird auch die Anwendung von Stoffen möglich, deren Wirkung durch Bestandteile des natürlichen Blutes maskiert oder verändert wird.

Ehe aber Perfluor-Verbindungen als sicheres Blutersatzmittel in die medizinische Praxis eingeführt werden können, müssen noch mehrere Hindernisse überwunden werden. So müssen viele Reihen gut definierter, reiner und inerter Perfluor-Verbindungen zur Verfügung stehen, aus den Verbindungen müssen sich stabile Emulsionen herstellen lassen, das Flüssigkeitsgleichgewicht muß optimiert sein, und es müssen vernünftige Ausscheidungsgeschwindigkeiten erzielt werden.

Wenn diese Verbindungen ausgeschieden werden, dann in unveränderter Form mit der Atemluft oder durch die Haut. Dabei hängt die Ausscheidungsgeschwindigkeit stark vom Dampfdruck ab. Die Verweilzeit in den Organen (bevorzugt in Leber und Milz) wird von der Art der verwendeten Perfluor-Verbindungen bestimmt, eine Erklärung hierfür gibt es noch nicht.

Es müssen somit noch nahezu alle Struktur/Wirkungs-Mechanismen aufgefunden werden.

Wenn aber trotz der noch bestehenden Nachteile das Problem des Blutersatzes mit Perfluor-Verbindungen am ehesten lösbar zu sein scheint, dann doch vermutlich deshalb, weil sie als total synthetische Produkte niemals in einem Organismus produziert würden und dieser deswegen auch gar keine oder nur eine sehr schwache Abwehr gegen sie mobilisiert.

27. Probleme des Umweltschutzes bei der Anwendung von Fluorverbindungen

Seit geraumer Zeit ist bekannt, daß die Stratosphäre Ozon enthält, der das irdische Leben vor tödlicher UV-Strahlung aus dem Weltraum schützt. Als der zivile Überschall-Flugverkehr aktuell wurde, entstand die Frage, ob die Ozonschicht durch die Abgase (u. a. Stickoxide) von Überschall-Flugzeugen katalytisch zersetzt werden kann. Solche Besorgnisse wurden noch größer, als 1974 F. ROWLAND und M. MOLINA eine weitere Gefahrenquelle in den Freonen als anthropogene Stoffe in der Stratosphäre erkannten. Diese vorrangig als Treibgase in Spraydosen verwendeten Verbindungen sind unter normalen Bedingungen und auch noch in den unteren Schichten der Troposphäre außerordentlich stabil. Sie gelangen, wenn sie nicht rasch noch innerhalb der Troposphäre abgebaut werden, sehr wohl in Bereiche oberhalb der Ozonschicht, die sich in Höhen zwischen 10 und 60 km befinden. UV-Licht der Wellenlängen 180 bis 230 nm kann dann Chlorfluorkohlenstoff-Moleküle unter Bildung von Chloratomen aufbrechen. Diese Radikale leiten den katalytischen Kreisprozeß für die Umwandlung von Ozon in O_2 ein, da gemäß:

$$O_3 \xrightleftharpoons{h\nu} O_2 + O$$

$$Cl + O_3 \rightarrow ClO + O_2$$

$$ClO + O \rightarrow Cl + O_2$$

$$\overline{\qquad\qquad\qquad\qquad}$$

$$2O_3 \rightarrow 3O_2$$

das intermediär entstehende ClO mit atomarem Sauerstoff freie Chlorradikale zurückbilden kann.

Die gesamte Weltproduktion an Freonen lag bzw. liegt im Megatonnenbereich, sie nahm von 1971 bis 1974 um 54% zu. Genaue Daten über die Produktion und das Entweichen von CCl_3F und CCl_2F_2 in die Atmosphäre bis Ende 1975 sind jetzt bekannt. Danach sind beinahe 85% der Gesamtproduktion in die Atmosphäre entwichen. Dieser Wert wurde durch Aufschlüsselung der verkauften Menge je nach Endverbrauch (Kühlanlagen, Aerosole, Schaumstoffe usw.) und Kombinieren mit einem für den jeweiligen Anwendungsbereich typischen Freisetzungsmuster erhalten. Beispielsweise dauert es etwa 20 Jahre, bis das gesamte CCl_3F aus Schaumstoffen mit geschlossenen Poren entwichen ist, während Aerosoltreibmittel rasch freigesetzt werden. Bis Ende 1975 betrug die gesamte bisher in die Atmosphäre abgegangene Menge an CCl_3F $2{,}93 \cdot 10^9$ kg und an CCl_2F_2 $4{,}4 \cdot 10^9$ kg. Diese Werte dürften um $\pm 5\%$ genau sein.

Um die Wirkung des Freon-Übergangs in die Stratosphäre prognostisch zu berechnen, werden drei Grenzfälle berücksichtigt: exponentielles Wachstum der Freon-Weltproduktion, lineares Wachstum und Produktionsstop. In den beiden ersten Fällen läßt sich zeigen, daß ungefähr ab 1990 die O_3-Gleichgewichtskonzentration nicht mehr durch den sog. NO_x-Zyklus gesteuert wird, sondern durch den ClO-Mechanismus und damit durch die Freone.

Nach einer Einschätzung der National Academy of Sciences (USA) von 1976 stellt sich bei fortgesetztem Entweichen von Chlorfluorkohlenwasserstoffen in der jeweils gleichen jährlichen Menge wie 1973 in ca. 100 Jahren schließlich ein neuer stationärer Zustand ein; die Menge des Ozons in der Stratosphäre hat dann um 7,5% abgenommen. Es wurde außerdem festgestellt, daß das Risiko eines Aufschubs des Produktionsstops gering ist. Es beträgt nur etwa 0,07% Zuwachs für jedes weitere Jahr der Produktion. Diese Werte gelten aber nur dann, wenn die Chlorfluorkohlenwasserstoff-Produktion für immer auf dem Niveau von 1973 eingefroren wird. Der zusätzliche Effekt eines jeden weiteren Produktionsjahres beträgt ca. 1/100 des Wertes für den stationären Zustand (also ca. 0,07% für die angegebenen 7,5%). Wenn die bekannte Abhängigkeit der Ozonkonzentration von der geographischen Breite zugrunde gelegt wird, dann bewirkt eine Ozonabnahme von 0,07% die gleiche Zunahme an UV-Strahlung, wie wir sie auch feststellen, wenn wir uns (von mittleren nördlichen Breiten) 8 km nach Süden begeben.

Derartige Überlegungen haben zusammen mit den Unsicherheiten im Bereich der Stratosphären-Chemie die National Academy of Sciences bei ihrer Empfehlung geleitet, gesetzliche Bestimmungen zur Einschränkung der Produktion von Freonen gegenwärtig nicht in Kraft zu setzen, sondern sie bis 1979 aufzuschieben, bis die Forschungsergebnisse auf dem Gebiet des Ozonabbaus vervollständigt sind. (Eine Ungewißheit bei der Extrapolation der Freon-Konzentration und -Wirkung aus Produktionszahlen besteht auch noch darin, daß vielleicht bisher unbekannte Abbauprozesse in der Troposphäre oder im Boden und/oder Meer existieren (mikrobiell), die eine Verringerung der troposphärischen Freon-Konzentration bewirken könnten.) Um das Risiko eines Aufschubs einzugrenzen, sollte ein erdumspannendes „Frühwarnsystem" aufgebaut werden, das den maximalen reversiblen Ozonabbau auf ein als tolerierbar angesehenes Maß von 2% beschränken könnte, zumal diese Abnahme (ein Produktionsverbot vorausgesetzt) nur verhältnismäßig kurze Zeit andauern würde.

Es ist klar, daß viele Aktivitäten des Menschen, wie der Gebrauch stickstoffhaltiger Düngemittel, das Fliegen mit Düsenflugzeugen und die Produktion von Freonen, einen berechenbaren Einfluß auf den Ozonschild der Erde haben. In jedem Falle aber muß der tolerierbare Einfluß gesetzlich festgelegt sein.

Auch gegen die bedenkenlose Verwendung der hochwirksamen Fluortenside muß eine Warnung und gesetzliche Festlegung erbracht werden. Dies betrifft vorrangig den Einsatz von Fluortensiden in Waschmitteln, über die diese oberflächenaktiven Stoffe in die Gewässer gelangen. Sie lagern sich dort an die verschiedensten Substanzen an und stören erheblich die biologischen Gleichgewichte. Der Vorteil ihrer enormen chemischen Beständigkeit wird nun zum Nachteil. Sie sind nicht mehr oder nur sehr langsam biologisch abbaubar und ihre verheerende Wirkung in den Gewässern, einschließlich des Trinkwassers, bleibt lange erhalten. Darum dürften in den Allgebrauchs-Waschmitteln derartige Verbindungen überhaupt nicht zum Einsatz kommen. Gegen eine Nutzung von Fluortensiden auf allen den Gebieten, die zu keiner Verunreinigung der Gewässer führen, ist natürlich nichts einzuwenden.

Auch hinsichtlich des Einsatzes der fluorhaltigen Pflanzenschutz- und Schädlingsbekämpfungsmittel ist immer wieder sehr gewissenhaft die Frage zu stellen, welche weiteren Wirkungen hervorgerufen werden können. Dieses Kapitel des Umweltschutzes wird ebenfalls noch nicht vollständig beherrscht. Es werden viele Vermutungen ausgesprochen, doch können nur exakte Untersuchungen weiterhelfen. Substanzen gleich welcher Art, die als Pflanzenschutz- und Schädlingsbekämpfungsmittel in größeren Mengen in der Natur angewendet werden, müssen im Hinblick auf ihre Nebenwirkungen besonders aufmerksam betrachtet werden.

Das gleiche trifft selbstverständlich auch für alle Fluorpharmaka zu. Obwohl deren Anwendung, wie die aller übrigen Pharmaka, eine umfassende Testung vorausgeht, und unter einer ständigen wissenschaftlichen Kontrolle erfolgt, können sich doch auf Grund der Besonderheit des Einbringens von „mobilem Fluor“ in biologische Systeme stets neue, in ihrer Wirkung positive oder auch negative Probleme ergeben. Diese zum Wohle der Menschheit zu meistern, ist die verantwortungsvolle Aufgabe von Chemikern, Pharmakologen und Medizinern.

Abschließend bleibt festzustellen, daß sich das Leben auf

unserer Erde unter Bedingungen entwickelte, die das Element Fluor im wesentlichen nur in gebundener, schwerlöslicher Form umfaßte. Erst seit etwa 30 Jahren werden durch die großtechnische Erzeugung von anorganischen und organischen Fluorverbindungen, einschließlich des beim Phosphataufschluß anfallenden „Zwangsfluors", gewaltige Mengen an „mobilem Fluor" erzeugt. Die daraus resultierenden ökologischen Probleme stellen die Wissenschaft vor Aufgaben, denen höchste Priorität eingeräumt werden muß.

28. Schlußbetrachtung

Nach seinen Untersuchungen auf dem Gebiet der Fluorchemie stellte H. Moissan skeptisch fest: „Wird das Fluor je eine Anwendung finden? Das ist schwierig vorherzusagen." Die Entwicklung hat seine Frage positiv beantwortet.

Fluor ist ein wissenschaftlich, industriell und strategisch wichtiges Element geworden. Anorganische und organische Fluorverbindungen haben eine breite Anwendung gefunden und ständig werden neue Einsatzgebiete erschlossen.

Dies trifft u. a. auch auf die Feststoffchemie ionischer Fluoride zu, die wegen ihrer ungewöhnlichen und spezifischen (elektrischen, magnetischen und optischen) Eigenschaften wichtige Anwendungsmöglichkeiten erwarten lassen. Desgleichen eröffnen die erst in den letzten Jahren entdeckten spezifischen Festkörpereigenschaften von Fluorpolymeren solche Verwendungsbereiche, wie sie u. a. als aktive Wandler und Meßelemente bisher nur anderen Stoffen vorbehalten waren. Wahrscheinlich werden bereits in nächster Zeit organische Perfluor-Verbindungen als Blutersatzmittel in die unmittelbaren Lebensprozesse eingreifen.

Der wissenschaftlich-technische Fortschritt wird zweifellos mit der Nutzbarmachung des Fluors verbunden sein.

29. Literatur

Dem Rahmen dieser Übersicht entsprechend wurde auf den Nachweis der Originalliteratur verzichtet. Dagegen sind im folgenden einige die behandelten Gebiete betreffenden Monographien und Übersichtsartikel angeführt, um dem interessierten Leser eine weitere Einarbeitung zu erleichtern.

RUFF, O.: „*Die Chemie des Fluors*“, Springer Verlag, Berlin, 1920

SIMONS, J. H.: „*Fluorine Chemistry*“, Vol. I–V, Academic Press, New York, 1950–1964

STACEY, M., TATLOW, J. C., SHARPE, A. G. (Edit.): „*Advances in Fluorine Chemistry*“, Vol. I–V, Butterworths, London, 1960–1961

GUTMANN, V.: (Edit.): „*Halogen Chemistry*“, Vol. I–III, Academic Press, London and New York, 1967

RUDGE, A. J.: „*Manufacture and Use of Fluorine and its Compounds*“, Oxford, University Press, 1962

WADDINGTON, T. C. (Edit.): „*Non-Aqueous Solvent Systems*“, Academic Press, New York, 1965

POLITZER, P.: Anomalous Properties of Fluorine, J. Amer. chem. Soc. **91** (1969), 6235

O'DONNELL, T. A.: „*The Chemistry of Fluorine*“, Pergamon Press, Oxford, New York, 1973

NIKOLAJEW, N. S., SUCHOWERCHOW, W. F., SCHISCHKOW, YU. D., ALENTSCHIKOWA, I. F., „*Chemie der Halogenverbindungen*“, Nauka, Moskau, 1968

MEINERT, H.: Interhalogenverbindungen, Z. Chem. **7** (1967), 41

CHRISTE, K. O.: „*Halogen Fluorides, International Union of Pure and Applied Chemistry*“, Butterworths, London, 1974, 115

GILLESPIE, R. J.: „*Halogen Cations, International Union of Pure and Applied Chemistry*“, Butterworths, London, 1974, 143

WEIDLEIN, J.: Über Fluorhalogenide, Z. Chem. **9** (1969), 134

GLEMSER, O.: New developments in the chemistry of sulphur-nitrogen-fluorine compounds, Endeavour **28** (1969), 86

HYMAN, H. H. (Edit.): „*Noble-Gas Compounds*", The University of Chicago Press, Chicago, 1963

HORN, H.-G.: Edelgasverbindungen — Endglieder von Verbindungsreihen, Chemiker-Zeitung **100** (1976), 229

NAUMANN, D.: Edelgasverbindungen, Teil I und II, Chemie für Labor und Betrieb **27** (1976), 393 und 428

KWASNIK, W.: Fortschritte in der Fluor-Herstellung und elektrochemischen Fluorierung anorganischer Verbindungen, in: Fortschritte der chemischen Forschung Bd. 8 (1967), 309

PORTIER, J.: Feststoffchemie ionischer Fluoride, Angew. Chem. **88** (1976), 524

HUDLICKY, M.: „*Chemie der organischen Fluorverbindungen*", VEB Deutscher Verlag der Wissenschaften, Berlin, 1960

SLESSER, C., SCHRAM, S. R., „*Preparation, Properties and Technology of Fluorine and Organic Fluoro Compounds*", McGraw-Hill, New York, 1951

BANKS, R. E.: „*Fluorocarbons and their Derivatives*", Oldbourne Press, London, 1965

SHEPPARD, W. A., SHARTS, C. M.: „*Organic Fluorine Chemistry*", W. A. Benjamin, New York, 1969

PAVLATH, A. E., LEFFLER, A. L.: „*Aromatic Fluorine Compounds*", Reinhold, New York, 1962

OSTEROTH, D.: „*Chemie und Technologie aliphatischer fluororganischer Verbindungen*", F. Enke Verlag, Stuttgart, 1964

SCHIEMANN, G., CORNILS, B.: „*Chemie und Technologie cyclischer Fluorverbindungen*", F. Enke Verlag, Stuttgart, 1969

SCHERER, O.: Technische organische Fluor-Chemie, in: Fortschritte der chemischen Forschung, Springer-Verlag, Berlin, Heidelberg, New York, Bd. **14** (1970), 127

HOLZAPFEL, W.: Fluorchemikalien und ihr Einsatz; Fette, Seifen, Anstrichmittel **68** (1966), 837

HEINRICH, L.: in: „*Chemia fluoro i jego zwiazki organiczne*", Polska Akademia Nauk, Warszawa, 1971
S. 147: Die elektrochemische Fluorierung
S. 169: Die industriell wichtigsten Fluorpolymeren

SCHMEISSER, M., SARTORI, P.: Die elektrochemische Fluorierung, Chemie-Ingenieur-Technik **36** (1964), 9.

NAGASE, S.: Electrochemical Fluorination, Fluorine Chemistry Reviews **1** (1967), 77

KOLDITZ, L., KAUSCHKA, G.: Austauschreaktionen, in: Neue

Entwicklungen in der anorganischen Chemie, VEB Deutscher Verlag der Wissenschaften, Berlin 1974, S. 77

Kolditz, L.: Fluorchemie – Rohstoffe und Produkte, Mitteilungsbl. Chem. Ges. d. DDR **23** (1976), 169

Danz, R., Ruscher, C.: Polymere Wandler und Detektoren, Wiss. u. Fortschr. **28** (1978), 142

Prösch, U., Kolditz, L., John, D.: Stratosphärenchemie – vom Menschen beeinflußt?, Wiss. u. Fortschr. **26** (1976), 214

Jesson, J. P.: Die Chlorfluorkohlenwasserstoff/Ozon-Theorie. Ein wissenschaftlicher Lagebericht, Angew. Chem. **89** (1977), 507

Schmidt, Chr. W., Metze, H.: Flußsäureverätzungen der Haut – Übersicht über 68 Fälle, Dt. Gesundheits-Wesen **33** (1978), 761

Riess, J. G., Le Blanc, M.: Perfluor-Verbindungen als Blutersatzmittel, Angew. Chem. **90** (1968), 654

Der Verfasser behandelt

- **die Geschichte der Fluorchemie**
- **die physikalischen und chemischen Eigenschaften, die Darstellung, Handhabung, Verwendung, Physiologie, Pathophysiologie des Fluors**
- **die Verwendung, Darstellung und Eigenschaften von Fluorwasserstoff**
- **die wichtigsten anorganischen Fluorverbindungen**
- **die organische Fluorchemie**
- **Probleme des Umweltschutzes bei der Anwendung von Fluorverbindungen**

WISSENSCHAFTLICHE TASCHENBÜCHER

FSC
www.fsc.org
MIX
Papier | Fördert
gute Waldnutzung
FSC® C083411

Zeitfracht Medien GmbH
Ferdinand-Jühlke-Straße 7
99095 Erfurt, Deutschland
produktsicherheit@kolibri360.de